Zur Universalität des Random-Energy-Modells

Dipl.-Phys. Heiko Bauke
Zur Universalität des Random-Energy-Modells
© 2006 Heiko Bauke

Dissertation zur Erlangung des akademischen Grades doctor rerum naturalium (Dr. rer. nat.), genehmigt durch die Fakultät für Naturwissenschaften der Otto-von-Guericke-Universität Magdeburg

Gutachter: Dr. habil. Stephan Merstens, Dr. habil. Alexander K. Hartmann

eingereicht am 25. 01. 2006, verteidigt am 13. 06. 2006

Bibliographische Information Der Deutschen Bibliothek:
Die Deutsche Bibliothek verzeichnet diese Publikation in der Deutschen Nationalbibliographie; detaillierte bibliographische Daten sind im Internet über http://dnb.ddb.de abrufbar.

ISBN-10 3-8334-5425-3
ISBN-13 978-3-8334-5425-7

Satz: Druckfertige Daten vom Autor, gesetzt mit LATEX 2_ε aus der Palatino
Herstellung und Verlag: Books on Demand GmbH, Norderstedt

Dieses Werk ist urheberrechtlich geschützt. Die dadurch begründeten Rechte, insbesondere die der Übersetzung, des Nachdrucks, des Vortrags, der Entnahme von Abbildungen und Tabellen, der Funksendung, der Mikroverfilmung oder der Vervielfältigung auf anderen Wegen und der Speicherung in Datenverarbeitungsanlagen, bleiben, auch bei nur auszugsweiser Verwertung, vorbehalten. Eine Vervielfältigung oder Weiterverwendung dieses Werkes oder von Teilen dieses Werkes ist auch im Einzelfall nur in den Grenzen der gesetzlichen Bestimmungen des Urheberrechtes der Bundesrepublik Deutschland vom 9. September 1965 in der jeweils geltenden Fassung zulässig. Sie ist grundsätzlich vergütungspflichtig. Zuwiederhandlungen unterliegen den Strafbestimmungen des Urheberrechtsgesetzes.

Zur Universalität des Random-Energy-Modells

Dissertation

zur Erlangung des akademischen Grades

doctor rerum naturalium
(Dr. rer. nat.),

genehmigt durch
die Fakultät für Naturwissenschaften
der Otto-von-Guericke-Universität Magdeburg

von	Dipl.-Phys. Heiko Bauke
geb. am	14. 07. 1977
in	Gardelegen
Gutachter	Dr. habil. Stephan Merstens, Dr. habil. Alexander K. Hartmann
eingereicht am	25. 01. 2006
verteidigt am	13. 06. 2006

„[...] this random-energy model looks like a simple approximation to any spin-glass model."

BERNARD DERRIDA

Inhaltsverzeichnis

1 **Einleitung**   1

2 **Das Random-Energy-Modell**   5
  2.1 Motivation 5
  2.2 Definition des Random-Energy-Modells 7
  2.3 Random-Energie-Modell als Poisson-Prozess 7
    2.3.1 Mathematischer Ausflug in die Extremwertstatistik 8
    2.3.2 Poisson-Prozesse 13
    2.3.3 Abstände benachbarter Energieniveaus 14
  2.4 Die Rolle der Spins im Random-Energie-Modell 16

3 **Modelle mit lokaler REM-Eigenschaft**   17
  3.1 Allgemeine Charakteristika 17
  3.2 Einige Modelle kurz vorgestellt 18
    3.2.1 Zahlenaufteilungsproblem 18
    3.2.2 Spingläser 21
    3.2.3 Gerichtete Wege in Zufallsmedien 23
    3.2.4 Cluster-Minimierung 25
    3.2.5 Weitere Modelle 27

4 **Lokale REM-Eigenschaft des Energiespektrums**   29
  4.1 These zum Energiespektrum 29
  4.2 Energiespektren verschiedener Modelle mit lokaler REM-Eigenschaft   30
    4.2.1 Das Zahlenaufteilungsproblem 30
    4.2.2 Spingläser 41
    4.2.3 Gerichtete Wege in Zufallsmedien 44
    4.2.4 Cluster-Minimierung 45
    4.2.5 Weitere Modelle 48
  4.3 Schlussbemerkungen 48

5 Lokale REM-Eigenschaften des Konfigurationsraums — 51
5.1 These zum Konfigurationsraum — 51
5.2 Konfigurationen verschiedener Modelle mit lokaler REM-Eigenschaft — 52
5.2.1 Das Zahlenaufteilungsproblem — 52
5.2.2 Spingläser — 59
5.2.3 Gerichtete Wege in Zufallsmedien — 60
5.2.4 Cluster-Minimierung — 64

6 Die Bedeutung der numerischen Auflösung der Kopplungskonstanten — 65
6.1 Heuristische Erklärung der lokalen REM-Eigenschaft — 65
6.2 Ganzzahlige Kopplungen — 67

7 Berechnungskomplexität — 71
7.1 These zur Berechnungskomplexität — 71
7.2 Ausflug in die Komplexitätstheorie — 72
7.2.1 Zeitkomplexität — 72
7.2.2 Die Komplexitätsklassen $\mathcal{P}$ und $\mathcal{NP}$ — 75
7.2.3 Polynomielle Reduktion — 76
7.2.4 $\mathcal{NP}$-vollständige Probleme — 77
7.2.5 $\mathcal{NP}$-Vollständigkeit beweisen — 78
7.2.6 $\mathcal{NP}$-schwere Probleme — 79
7.3 Zeitkomplexität von Problemen mit lokaler REM-Eigenschaft — 79
7.3.1 Zahlenaufteilungsproblem — 79
7.3.2 Spingläser — 82
7.3.3 Gerichtete Wege in Zufallsmedien — 82
7.3.4 Cluster-Minimierung — 83
7.3.5 Weitere Modelle — 84
7.4 Komplexität auf verschiedenen Energieskalen — 85
7.5 Lokale REM-Eigenschaft und Optimierungsalgorithmen — 87

8 Zusammenfassung — 91

A Notationen — 93

Kapitel 1

Einleitung

Spingläser sind auch nach mehreren Jahrzehnten experimenteller und theoretischer Untersuchung [8, 45, 18, 49] noch immer ein sehr aktives Forschungsfeld. Allein in den Journalen der American Physical Society erscheinen noch immer jedes Jahr über hundert Artikel mit dem Stichwort „spin glasses" in Titel oder Abstract.

Der Begriff des Spinglases bezieht sich ursprünglich auf eine Klasse von Edelmetallen (z. B. Au, Ag, Cu oder Pt), die leichte Verunreinigungen durch Übergangsmetalle (z. B. Fe oder Mn) enthalten. In klassischen Spingläsern wie $Au_{1-x}Fe_x$ werden einzelne zufällig verteilte Gitterplätze des Goldes von Eisenatomen besetzt. Andererseits können durch sehr schnelles Abkühlen einer Schmelze auch amorphe Spingläser entstehen. Hier bildet sich durch das abrupte Abkühlen erst gar kein regelmäßiges Kristallgitter aus. In beiden Fällen sind die magnetischen Momente zufällig im Festkörper verteilt. Aus experimenteller Sicht zeichnen sich Spingläser durch folgende Eigenschaften aus (nach[8]):

- Unterhalb einer kritischen Temperatur T_c sind die magnetischen Momente eingefroren, woraus bei T_c ein Maximum der frequenzabhängigen Suszeptibilität resultiert.

- Spingläser besitzen keine langreichweitige magnetische Ordnung.

- Unterhalb von T_c weisen Remanenz und magnetische Relaxation makroskopische Zeitskalen auf.

Ein wichtiger Schritt zum theoretischen Verständnis von Spingläsern stellte das Modell von Edwards und Anderson [22] dar. In ihm werden Frustration und eingefrorene Unordnung der Kopplungskonstanten als wichtigste Bausteine kombiniert. Leider erforderte die genaue Analyse des Edwards-Anderson-Modells neue technisch ausgefeilte Methoden und Ansätze. Bevor man diese neuen Methoden an einem so komplexen Modell wie dem von Edwards und Anderson anwendet, kann man sie auch an anderen einfacheren Modellen testen und dabei die Grenzen und Möglichkeiten der neuen Methoden und Lösungsansätze ausloten.

Zu solchen Modellen gehören das Sherrington-Kirkpatrick-Modell [50] und insbesondere das Random-Energy-Modell (REM) [20, 21]. Das Random-Energy-Modell ist gewissermaßen eine Karikatur eines jeden Spinglasmodells. Sein Phasenraumdiagramm stimmt qualitativ mit dem des Sherrington-Kirkpatrick-Modells überein. Es lässt sich aber im mikrokanonischen Formalismus exakt lösen. Die Replika-Methode oder andere fortgeschrittene Methoden sind im Gegensatz zum Edwards-Anderson- oder Sherrington-Kirkpatrick-Modell zur Analyse des Random-Energy-Modells nicht notwendig.

Diese Arbeit zeigt, dass das Random-Energy-Modell nicht nur für Spinglasmodelle eine exzellente Näherung darstellt. Die für das Random-Energy-Modell charakteristischen Eigenschaften finden sich vielmehr in praktisch allen ungeordneten Systemen mit reellen eingefrorenen zufälligen Kopplungstermen, deren Hamilton- oder Kosten-Funktion sich als lineare Summe über die Kopplungsterme schreiben lässt. Dazu gehören neben Spingläsern z. B. auch Modelle gerichteter Wege in Zufallsmedien und Cluster-Probleme. Selbst außerhalb der Physik finden sich zahlreiche Problemstellungen, in denen man dem Random-Energy-Modell wieder begegnet. Dazu gehören insbesondere Optimierungsprobleme wie das Problem des Handlungsreisenden, kürzeste Wege oder das Zahlenaufteilungsproblem. Das Random-Energie-Modell ist somit ein wahrlich universelles System, das nicht nur für Spingläser ein effektives Modell darstellt.

Diese Arbeit reiht sich damit in die lange Liste von Publikationen (siehe z. B. [45, 31, 46]) ein, die Ideen, Konzepte oder Techniken aus der Physik der ungeordneten Systeme auch auf Fragestellungen jenseits der Physik ausdehnt. Gerade in der jüngeren Zeit hat der interdisziplinäre Austausch zwischen statistischer Physik, Mathematik und Informatik sich als für alle Seiten sehr fruchtbar erwiesen. Er liefert unter anderem neue Methoden oder neue Sichtweisen auf alte Probleme. Die Interpretation des Belief-Propagation-Algorithmus zur Decodierung von Low-Density-Parity-Check-Codes als Bethe-Approximation [39] sei hier nur als ein Beispiel genannt. Dass zumindest Teilergebnisse der vorliegenden Arbeit bereits ihren Niederschlag in der mathematischen Statistik gefunden haben, zeigen die Veröffentlichungen [14, 15, 16, 13, 10, 11]. Bleibt zu wünschen, dass auch diese Publikationen wieder zurück auf die Physik wirken und zu neuen Ideen und Einsichten führen.

Diese Dissertation enthält drei zentrale Thesen zur so genannten lokalen REM-Eigenschaft. Diese Thesen werden mit einigen heuristischen Argumenten und ausgedehnten numerischen Simulationen untermauert. Die vorliegende Arbeit gliedert sich wie folgt:

- Im Kapitel 2 werden zunächst das Random-Energy-Modell formal eingeführt und für diese Arbeit relevante Ergebnisse der Extremwertstatistik rekapituliert.

- Das Kapitel 3 beschreibt die generische Struktur von Modellen mit lokaler REM-Eigenschaft und stellt einige konkrete Modelle vor.

- Das Energiespektrum von Modellen mit lokaler REM-Eigenschaft wird in Kapitel 4 untersucht und

- ihr Konfigurationsraum ist Thema von Kapitel 5.

- Ein wichtiges Merkmal von Modellen mit lokaler REM-Eigenschaft ist, dass die numerische Auflösung der Kopplungskonstanten beliebig groß ist. Kapitel 6 widmet sich der Frage, was passiert, wenn die numerische Auflösung der Kopplungskonstanten beschränkt wird.

- Modelle mit lokaler REM-Eigenschaft lassen sich alle als Optimierungsproblem auffassen. Das Kapitel 7 untersucht deshalb, welche Auswirkungen die lokale REM-Eigenschaft auf die Komplexität dieser Optimierungsprobleme hat.

- In Kapitel 8 folgt eine Zusammenfassung der Arbeit und ein Ausblick auf noch offene Fragen.

Kapitel 2

Das Random-Energy-Modell

Das zentrale Modell dieser Arbeit ist das so genannte Random-Energy-Modell, kurz REM. Derrida führte in [20, 21] dieses Modell als Grenzfall einer Klasse ungeordneter Spinsysteme ein. In diesem Grenzfall können die Korrelationen zwischen den Energieniveaus vernachlässigt werden, was eine exakte Charakterisierung der thermodynamischen Eigenschaften des Modells erlaubt.

2.1 Motivation

Zur Motivation des Random-Energy-Modells betrachten wir zunächst das p-Spin-Modell. In diesem Modell interagieren jeweils p Ising-Spins $s_i \in \{-1, 1\}$ miteinander. Die Hamilton-Funktion hat mit $s = (s_1, s_2, \ldots, s_N)$ die Form

$$\mathcal{H}_p(s) = - \sum_{\{i_1, i_2, \ldots, i_p\}} J_{\{i_1, i_2, \ldots, i_p\}} s_{i_1} s_{i_2} \cdots s_{i_p} . \tag{2.1}$$

Die Summe läuft hierbei über alle p-elementigen Teilmengen $\{i_1, i_2, \ldots, i_p\}$ der Menge der natürlichen Zahlen von 1 bis N. Die Kopplungsterme $J_{\{i_1, i_2, \ldots, i_p\}}$ sind eingeprägte statistisch unabhängige Zufallsgrößen. Damit dieses Modell einen thermodynamischen Limes mit extensiver Grundzustandsenergie besitzt, ist die Verteilung der Kopplungsterme mit der Systemgröße N zu skalieren. Die Kopplungsterme seien hier mit

$$p_J(x) = \frac{1}{\sqrt{2\pi \sigma^2 p! / N^{p-1}}} e^{-\frac{x^2}{2\sigma^2 p! / N^{p-1}}} \tag{2.2}$$

normalverteilt.

Die Wahrscheinlichkeit, für eine zufällig gewählte Spinkonfiguration s eine Energie $\mathcal{H}_p(s) \in [E, E+dE]$ zu finden, beträgt

$$p_E(E)\,dE = \langle\langle \delta(E - \mathcal{H}_p(s)) \rangle\rangle \, dE \,. \tag{2.3}$$

Hierbei bezeichnet $\langle\langle \cdot \rangle\rangle$ die Mittelung über die Unordnung der Kopplungsterme. Im Limes $N \to \infty$ finden wir

$$p_E(x) = \frac{1}{\sqrt{2\pi\sigma^2 N}} e^{-\frac{x^2}{2\sigma^2 N}} \,. \tag{2.4}$$

Die Verbundwahrscheinlichkeit, für zwei zufällig gewählte Spinkonfigurationen s_1 und s_2 die Energien $\mathcal{H}_p(s_1) \in [E_1, E_1 + dE_1]$ bzw. $\mathcal{H}_p(s_2) \in [E_2, E_2 + dE_2]$ zu finden, beträgt

$$p_{E_1,E_2}(E_1, E_2)\,dE_1\,dE_2 = \langle\langle \delta(E_1 - \mathcal{H}_p(s_1)) \cdot \delta(E_2 - \mathcal{H}_p(s_2)) \rangle\rangle \, dE_1\,dE_2 \,. \tag{2.5}$$

Betrachten wir wieder den Limes $N \to \infty$, so gilt diesmal

$$\begin{aligned} p_{E_1,E_2}(x,y) = &\frac{1}{2\pi\sigma^2 N \sqrt{[1 + (2\gamma-1)^p][1 - (2\gamma-1)^p]}} \\ &\cdot \exp\left(-\frac{(x+y)^2}{4\sigma^2 N[1 + (2\gamma-1)^p]} - \frac{(x-y)^2}{4\sigma^2 N[1 - (2\gamma-1)^p]}\right) \,. \end{aligned} \tag{2.6}$$

Aufgrund der langreichweitigen Wechselwirkungen des p-Spin-Modells hängt die Wahrscheinlichkeitsdichte $p_{E_1,E_2}(x,y)$ nur vom fraktionalen Anteil γ von Spins mit identischer Ausrichtung in beiden Konfigurationen s_1 und s_2 ab, nicht aber von s_1 und s_2 selbst.

Für $\gamma \to 1$ sind die Energiewerte zweier Konfigurationen s_1 und s_2 miteinander maximal korreliert.

$$p_{E_1,E_2}(\mathcal{H}_p(s_1), \mathcal{H}_p(s_2)) \approx p_E((\mathcal{H}_p(s_1) + \mathcal{H}_p(s_2))/2) \cdot \delta(\mathcal{H}_p(s_1) - \mathcal{H}_p(s_2))$$

Im Fall $\gamma \approx 1/2$ hingegen sind die Energiewerte statistisch unabhängig und die Wahrscheinlichkeitsdichte (2.6) faktorisiert.

$$p_{E_1,E_2}(\mathcal{H}_p(s_1), \mathcal{H}_p(s_2)) \approx p_E(\mathcal{H}_p(s_1)) \cdot p_E(\mathcal{H}_p(s_2))$$

Führen wir *nach* dem Limes $N \to \infty$ noch den Übergang $p \to \infty$ aus, so werden praktisch alle Energien zweier Konfigurationen s_1 und s_2 statistisch unabhängig. Denn für jedes $\gamma \in (0,1)$ folgt $\lim_{p \to \infty}(2\gamma - 1)^p = 0$ und die Wahrscheinlichkeitsdichte (2.6) faktorisiert.

2.2 Definition des Random-Energy-Modells

Dies führt uns direkt zum Random-Energie-Modell als Grenzfall des p-Spin-Modells für $p \to \infty$.

Definition 2.1 (Random-Energy-Modell) Die folgenden Eigenschaften charakterisieren das Random-Energy-Modell vollständig:

1. Das System hat 2^N Energieniveaus E_i.
2. Diese Energieniveaus sind Zufallsvariablen mit der Verteilung

$$p_E(x) = \frac{1}{\sqrt{2\pi\sigma^2 N}} e^{-\frac{x^2}{2\sigma^2 N}}.$$

3. Die Energieniveaus E_i sind statistisch unabhängig.

Die ersten beiden Eigenschaften finden sich in zahlreichen Spin-Glas-Modellen, die dritte erlaubt es, die thermodynamischen Eigenschaften exakt abzuleiten.

So findet man z. B. bei der Temperatur $T_c = \sigma/\sqrt{2\ln 2}$ einen Phasenübergang, siehe [20, 21, 28]. Unterhalb dieser kritischen Temperatur friert das System ein und die thermodynamischen Eigenschaften werden von Energieniveaus bestimmt, deren Zahl lediglich subexponentiell in N ist. Wir interessieren uns hier allerdings weniger für die thermodynamischen Eigenschaften des Random-Energy-Modells als vielmehr für Eigenschaften, die sich unmittelbar aus der statistischen Unabhängigkeit der Energieniveaus ergeben.

2.3 Random-Energie-Modell als Poisson-Prozess

In diesem Abschnitt wollen wir u. a. folgende Fragen untersuchen: Wie groß ist das kleinste Energieniveau aller 2^N Energieniveaus des Random-Energie-Modells, das größer einer gegebenen unteren Schranke ist? Wie lautet die statistische Verteilung des Niveaus? Diese Problemstellung lässt sich natürlich auch auf die Frage nach dem zweitkleinsten, drittkleinsten usw. Energiewert über der Schranke verallgemeinern.

2.3.1 Mathematischer Ausflug in die Extremwertstatistik

Wenn M Zufallszahlen x voneinander unabhängig aus der gleichen Verteilung $p(x)$ gezogen werden, welcher Verteilung genügen dann die kleinste, zweitkleinste usw. Zahl der x? Eine Antwort darauf gibt die Ordnungs- bzw. (wenn M asymptotisch groß ist) die Extremwert-Statistik [19, 38, 3].

Dazu gehen wir vom ungeordneten M-Tupel $(x_1, x_2, \ldots, x_M)$ zum geordneten M-Tupel $(x_{1:M}, x_{2:M}, \ldots, x_{M:M})$ mit

$$x_{1:M} \leq x_{2:M} \leq \cdots \leq x_{M:M}$$

über. Mit der integralen Verteilung

$$P(x) = \int_{-\infty}^{x} p(t)\,dt \tag{2.7}$$

findet man für das Element $x_{k:M}$ mit dem Rang k die Verteilung

$$p_{k:M}(x) = M \binom{M-1}{k-1} (1-P(x))^{M-k} P(x)^{k-1} p(x). \tag{2.8}$$

Denn in einem ungeordneten M-Tupel gibt es M Möglichkeiten, das Element mit dem Rang k zu platzieren, und $\binom{M-1}{k-1}$ Möglichkeiten, die $k-1$ kleineren bzw. $M-k$ größeren Elemente auf die $M-1$ freien Plätze anzuordnen. Betrachtet man hingegen ein geordnetes M-Tupel, so gelangt man zu einer alternativen Formulierung von (2.8). Es gibt $(k-1)!$ Möglichkeiten, die $k-1$ Elemente, die kleiner als x sind, anzuordnen, und $(M-k)!$ Möglichkeiten, die $M-k$ Elemente, die größer als x sind, anzuordnen. Mit dem Multinominalkoeffizienten $\binom{n}{k_1;k_2;\ldots;k_i} = n!/(k_1!k_2!\ldots k_i!)$ (siehe auch Anhang A) lässt sich die Wahrscheinlichkeitsverteilung (2.8) auch als

$$p_{k:M}(x) = \binom{M}{k-1;1;M-k} (1-P(x))^{M-k} P(x)^{k-1} p(x) \tag{2.9}$$

schreiben.

Die Verteilung $p_{k:M}(x)$ hängt insbesondere von M ab. Jedoch kann man Folgen A_M und B_M finden, so dass die Verteilung der skalierten Größe $y = A_M \cdot x + B_M$ im Limes $M \to \infty$ bei festem k schwach gegen eine Grenzverteilung konvergiert. Die Folgen A_M und B_M sind im Allgemeinen nicht eindeutig festgelegt. Geeignete Folgen A_M und B_M und die Grenzverteilung des Elementes eines M-Tupels mit dem Rang k sollen im Folgenden für einige spezielle Verteilungen bestimmt werden.

Anmerkung: Auf eine ähnliche Situation trifft man bei der Untersuchung einer Summe $s = \sum_{i=1}^{M} x_i$ von Zufallszahlen x_i. Werden die Zufallszahlen unabhängig aus

2.3 Random-Energie-Modell als Poisson-Prozess

einer Verteilung mit Mittelwert μ und Schwankung σ gezogen, so konvergiert die Verteilung der skalierten Größe

$$t = \frac{1}{\sigma\sqrt{M}} s - \frac{\mu\sqrt{M}}{\sigma}$$

für $M \to \infty$ schwach gegen die Normalverteilung mit Mittelwert null und Standardabweichung eins.

Nehmen wir einmal an, die Verteilung $p(x)$ sei bei $x = 0$ nach unten beschränkt, und es gelte mit $\eta \geq 1$

$$p(x) = \begin{cases} 0 & x < 0 \\ p_0 x^{\eta-1} + \mathcal{O}(x^\eta) & x \gtrsim 0 \end{cases}. \qquad (2.10)$$

Dann gilt für die integrale Verteilung $P(x)$ bei kleinen nicht negativen x

$$P(x) \approx \frac{p_0}{\eta} x^\eta. \qquad (2.11)$$

Die Wahrscheinlichkeitsdichte $p_{k:M}(x)$ in (2.9) muss überall außer bei $x \gtrsim 0$ sehr klein sein, da $M \gg k$. Die Verteilung $p_{k:M}(x)$ lässt sich daher durch

$$p_{k:M}(x) \approx \binom{M}{k-1;1;M-k} \left(1 - \frac{p_0}{\eta} x^\eta\right)^{M-k} \left(\frac{p_0}{\eta} x^\eta\right)^{k-1} p_0 x^{\eta-1} \qquad (2.12)$$

approximieren. Für festes k und großes M gelten asymptotisch die beiden Näherungen

$$\binom{M}{k-1;1;M-k} = \frac{M^k}{\Gamma(k)} + \mathcal{O}\left(M^{k-1}\right) = \frac{M^{k-1} \cdot M}{\Gamma(k)} + \mathcal{O}\left(M^{k-1}\right)$$

und

$$\left(1 - \frac{p_0}{\eta} x^\eta\right)^{M-k} = \exp\left(\ln\left(1 - \frac{p_0}{\eta} x^\eta\right)(M-k)\right) \approx \exp\left(-M \frac{p_0}{\eta} x^\eta\right).$$

Die Verteilung $p_{k:M}(x)$ geht für große M somit asymptotisch gegen

$$p_{k:M}(x) \approx \exp\left(-M \frac{p_0}{\eta} x^\eta\right) \frac{\left(M \frac{p_0}{\eta} x^\eta\right)^{k-1}}{\Gamma(k)} M p_0 x^{\eta-1}. \qquad (2.13)$$

Durch die Reskalierung $y = \left(M\frac{p_0}{\eta}\right)^{1/\eta} x$ lässt sich die Verteilung (2.13) in der einfachen Form

$$p_{k:M}(y) \approx \frac{\eta e^{-y^\eta} y^{\eta k-1}}{\Gamma(k)} \tag{2.14}$$

schreiben. Mit $k = 1$ heißt die Verteilung (2.14) auch Weibull-Verteilung. Setzen wir hingegen $\eta = 1$, so erhalten wir die Erlang-Verteilung. Auf die gleiche Verteilung stößt man durch eine weitere nicht lineare Transformation $z = y^\eta$, die die η-Abhängigkeit wegskaliert.

$$p_{k:M}(z) \approx \frac{e^{-z} z^{k-1}}{\Gamma(k)} \tag{2.15}$$

Die n-ten Momente der Verteilung (2.14) berechnen sich zu

$$\langle y^n \rangle_k = \int_0^\infty y^n p_{k:M}(y)\,\mathrm{d}y = \frac{\Gamma\left(\frac{n+k\eta}{\eta}\right)}{\Gamma(k)}. \tag{2.16}$$

Für das Minimum betragen die ersten beiden Momente

$$\langle y \rangle_1 = \Gamma\left(\frac{\eta+1}{\eta}\right) \quad \text{und} \quad \langle y^2 \rangle_1 = \Gamma\left(\frac{\eta+2}{\eta}\right) \tag{2.17}$$

und somit die Streuung

$$\sigma_1 = \sqrt{\Gamma\left(\frac{\eta+2}{\eta}\right) - \left(\Gamma\left(\frac{\eta+1}{\eta}\right)\right)^2}. \tag{2.18}$$

Tabelle 2.1 sind numerische Werte für den Mittelwert und die Streuung der Verteilung (2.14) zu entnehmen.

Die Elemente $x_{k_1:M}$ und $x_{k_2:M}$ des M-Tupels sind bei $k_1 < k_2$ natürlich keine statistisch unabhängigen Größen. Denn aus $k_1 < k_2$ folgt per Konstruktion $x_1 \leq x_2$. Schauen wir uns darum einmal die Verbundverteilung von $x_{k_1:M}$ und $x_{k_2:M}$ an. Es seien $1 \leq k_1 < k_2 \leq M$ und $x_1 \leq x_2$. Die Verbundverteilung lautet dann

$$p_{k_1:k_2:M}(x_1, x_2) = \binom{M}{k_1-1;\,1;\,k_2-k_1-1;\,1;\,M-k_2} \cdot$$

$$P(x_1)^{k_1-1} p(x_1)(P(x_2) - P(x_1))^{k_2-k_1-1} p(x_2)(1 - P(x_2))^{M-k_2}.$$

2.3 Random-Energie-Modell als Poisson-Prozess

Tab. 2.1: Numerische Werte des Mittelwerts, der Streuung und des Verhältnisses von Mittelwert und Streuung der Verteilung (2.14).

η	$\langle y \rangle_1$	σ_1	$\langle y \rangle_1 / \sigma_1$
1	1,0000000000	1,0000000000	1,0000000000
2	0,8862269255	0,4632513751	0,5227232008
3	0,8929795121	0,3245502799	0,3634465018
4	0,9064024772	0,2542862059	0,2805444734
5	0,9181687424	0,2103092428	0,2290529323
6	0,9277193336	0,1797674887	0,1937735716
7	0,9354375629	0,1571742434	0,1680221638
8	0,9417427001	0,1397253159	0,1483688866

Betrachten wir wieder die nach unten beschränkte Verteilung (2.10) und nehmen $k_1 \ll M$ und $k_2 \ll M$ an, dann gilt asymptotisch

$$p_{k_1:k_2:M}(x_1, x_2) \approx \binom{M}{k_1-1; 1; k_2-k_1-1; 1; M-k_2} \cdot$$

$$\left(\frac{p_0}{\eta} x_1^\eta\right)^{k_1-1} p_0 x_1^{\eta-1} \left(\frac{p_0}{\eta} x_2^\eta - \frac{p_0}{\eta} x_1^\eta\right)^{k_2-k_1-1} p_0 x_2^{\eta-1} \left(1 - \frac{p_0}{\eta} x_2^\eta\right)^{M-k_2}.$$

(2.19)

Für feste k_1 und k_2 und asymptotisch großes M lässt sich der Multinomialkoeffizient in führender Ordnung entwickeln und es gelten die Näherungen

$$\binom{M}{k_1-1; 1; k_2-k_1-1; 1; M-k_2} = \frac{M^{k_2}}{\Gamma(k_1)\Gamma(k_2-k_1)} + \mathcal{O}\left(M^{k_2-1}\right)$$

$$= \frac{M^{k_1-1} \cdot M \cdot M^{k_2-k_1-1} \cdot M}{\Gamma(k_1)\Gamma(k_2-k_1)} + \mathcal{O}\left(M^{k_2-1}\right)$$

und

$$\left(1 - \frac{p_0}{\eta} x_2^\eta\right)^{M-k_2} = \exp\left(\ln\left(1 - \frac{p_0}{\eta} x_2^\eta\right)(M-k_2)\right)$$

$$\approx \exp\left(-M \frac{p_0}{\eta} x_2^\eta\right).$$

Wir folgern somit

$$p_{k_1:k_2:M}(x_1,x_2) \approx \frac{1}{\Gamma(k_1)\Gamma(k_2-k_1)} \left(M\frac{p_0}{\eta}x_1^\eta\right)^{k_1-1} Mp_0 x_1^{\eta-1} \cdot$$

$$\left(M\frac{p_0}{\eta}x_2^\eta - M\frac{p_0}{\eta}x_1^\eta\right)^{k_2-k_1-1} Mp_0 x_2^{\eta-1} \exp\left(-M\frac{p_0}{\eta}x_2^\eta\right). \tag{2.20}$$

Durch die Reskalierungen $y_{1,2} = \left(M\frac{p_0}{\eta}\right)^{1/\eta} x_{1,2}$ erhalten wir schließlich die Grenzverteilung

$$p_{k_1:k_2:M}(y_1,y_2) \approx \frac{\eta^2 e^{-y_2^\eta}(y_1^\eta)^{k_1-1}(y_2^\eta - y_1^\eta)^{k_2-k_1-1}}{\Gamma(k_1)\Gamma(k_2-k_1)}. \tag{2.21}$$

Aufgrund der Relation $y_1 \leq y_2$ sind die Zufallsvariablen y_1 und y_2 nicht statistisch unabhängig und die Verteilung (2.21) faktorisiert nicht. Allerdings ist die Differenz $y_2^\eta - y_1^\eta$ statistisch unabhängig von y_1^η, denn mit den Substitutionen

$$w_1 = y_1^\eta, \quad w_2 = y_2^\eta - y_1^\eta, \quad l_1 = k_1 \quad \text{und} \quad l_2 = k_2 - k_1$$

folgt aus (2.21)

$$p_{l_1:l_1+l_2:M}(w_1,w_2) \approx \frac{e^{-w_1} w_1^{l_1-1}}{\Gamma(l_1)} \frac{e^{-w_2} w_2^{l_2-1}}{\Gamma(l_2)}. \tag{2.22}$$

Da diese Verbundverteilung auf dem kartesischen Produkt $[0,\infty)^2$ definiert ist und in zwei unabhängige Terme faktorisiert, sind die w_1 und w_2 statistisch unabhängige Zufallsvariablen. Daraus folgt, dass sich im Fall $\eta = 1$ die Verteilung (2.14) auch als k-faches Faltungsprodukt

$$p_{1:M}(y) = e^{-y}$$

$$p_{k:M}(y) = \int_{t=0}^{y} p_{1:M}(t) p_{(k-1):M}(y-t)\, dt \qquad k > 1$$

schreiben lässt und das Element mit dem Rang k des M-Tupels wie die Summe von k unabhängigen exponentialverteilten Zufallszahlen verteilt ist. Insbesondere ist die Differenz zwischen dem Element mit dem Rang k und Element mit dem Rang $k+1$ exponentialverteilt.

2.3.2 Poisson-Prozesse

Für den Fall, dass die Wahrscheinlichkeitsdichte $p(x)$, aus der das M-Tupel ursprünglich gezogen wurde, sich für $x \gtrsim 0$ durch eine nicht verschwindende konstante Funktion approximieren lässt ($\eta = 1$), steht die asymptotische Verteilungsfunktion der Minima (2.14) bzw. (2.15) in engem mathematischen Zusammenhang zu einem so genannten Poisson-Prozess.

Definition 2.2 (Poisson-Prozess) Ein (eindimensionaler, homogener) Poisson-Prozess beschreibt die Zahl von Ereignissen, die zu diskreten Zeitpunkten im Intervall $[0, t]$ auftreten. Sei $k(t)$ die Zahl der Ereignisse, die im Intervall $[0, t]$ aufgetreten sind, und bezeichne $P_k(t)$ die Wahrscheinlichkeit, dass im Intervall $[0, t]$ genau k Ereignisse registriert wurden.

$$P_k(t) = \quad [k \text{ Ereignisse im Intervall } [0, t]]$$

Es sollen folgende Eigenschaften gelten:

- $k(0) = 0$.

- Die Wahrscheinlichkeit, dass ein Ereignis innerhalb eines Intervalls $[t, t + \Delta t]$ auftritt, ist seiner Länge proportional.

$$[k(t + \Delta t) - k(t) = 1] = \lambda \Delta t + o(\Delta t)$$

Der Parameter λ heißt Intensität des Poisson-Prozesses.

- Die Wahrscheinlichkeit, dass innerhalb eines Intervalls $[t, t + \Delta t]$ mehr als ein Ereignis auftritt, ist vernachlässigbar.

$$[k(t + \Delta t) - k(t) > 1] = o(\Delta t)$$

- Ereignisse in nicht überlappenden Intervallen sind unabhängig. Für alle $0 \leq s \leq t$ und $0 < h$ gelte

$$[k(t + h) - k(t) = n | k(s) = m] = \quad [k(t + h) - k(t) = n].$$

Satz 2.1 (Poissonverteilung) Weist ein Prozess alle Eigenschaften eines Poisson-Prozesses für alle Zeiten t auf, so ist die Zahl der im Intervall $[0, t]$ registrierten Ereignisse poissonverteilt. Mit dem Mittelwert $\mu = \lambda t$ lautet die Poissonverteilung

$$P_k = e^{-\mu} \frac{\mu^k}{k!}. \tag{2.23}$$

Einen Beweis dieser Aussage findet man in vielen Lehrbüchern der mathematischen Statistik, z. B. in [3].

Die kleinsten Werte eines M-Tupels, wie wir sie in Abschnitt 2.3.1 betrachtet haben, sind ein Beispiel für einen Poisson-Prozess auf dem Intervall $[0, \mu]$. Die Zahl der Werte x des aus der Verteilung (2.10) gezogenen Tupels, deren reskalierte Größen $y = \left(M\frac{p_0}{\eta}\right)^{1/\eta} x$ in das Intervall $[0, \mu]$ fallen, sei k. Die Wahrscheinlichkeitsverteilung von k ist für $\eta = 1$ die Poissonverteilung (2.23). Denn mit (2.14) und (2.21) folgen für $k = 0$

$$[y_1 > \mu] = \int_\mu^\infty p_{M:1}(y_1)\,dy_k = e^{-\mu}$$

und für $k > 0$

$$[y_k \leq \mu | y_{k+1} > \mu] = \int_\mu^\infty \int_0^\mu p_{M:k:k+1}(y_k, y_{k+1})\,dy_k\,dy_{k+1} = e^{-\mu}\frac{\mu^k}{k!}\,.$$

2.3.3 Abstände benachbarter Energieniveaus im Random-Energy-Modell

Die in den beiden vorherigen Abschnitten zusammengetragenen Ergebnisse können wir nun benutzen, um die Verteilung der Energieniveaus des Random-Energy-Modells näher zu charakterisieren. Die (typischen) Energieniveaus des Random-Energy-Modells können in der Umgebung einer Referenzenergie als homogener Poisson-Prozess auf der Energieachse interpretiert werden.

Die auf eins normierte Dichte der Energiezustände lautet im Falle des Random-Energy-Modells

$$p_E(x) = \frac{1}{\sqrt{2\pi\sigma^2 N}} e^{-\frac{x^2}{2\sigma^2 N}}\,. \tag{2.24}$$

Diese Dichte hängt von des Systemgröße N ab. Wir sind aber an den Eigenschaften des Random-Energy-Modells im Limes $N \to \infty$ interessiert. Darum betrachten wir im Folgenden statt der Energieniveaus E_i die skalierten Niveaus $E'_i = E_i/\sqrt{\sigma^2 N}$, deren Dichte unabhängig von N durch eine Normalverteilung mit Mittelwert null und Varianz eins gegeben ist.

$$p_{E'}(x) = \frac{1}{\sqrt{2\pi}} e^{-\frac{x^2}{2}} \tag{2.25}$$

Je nach Zweckmäßigkeit, werden in dieser Arbeit für die betrachteten Modelle verschiedene Energieskalen eingeführt. Die ungestrichene Energieskala E ist die

2.3 Random-Energie-Modell als Poisson-Prozess

Skala, die sich in natürlicher Weise aus dem Modell selbst ergibt, die gestrichene Skala E' ist jeweils so skaliert, dass die auf eins normierte Zustandsdichte $p_{E'}(x)$ für große Systeme gegen eine Grenzverteilung konvergiert.

Wie sieht die Statistik der Energieniveaus E'_i des Random-Energy-Modells in der Umgebung einer Referenzenergie α aus? Um dies zu beantworten, ordnen wir die $M = 2^N$ Energieniveaus E'_i der Größe nach und bezeichnen die Elemente dieses geordneten M-Tupels mit $E'_{i:M}$.

$$E'_{1:M} \leq E'_{2:M} \leq \cdots \leq E'_{M:M}$$

Die Referenzenergie α definiert mit

$$E'_{r:M} < \alpha \leq E'_{r+1:M}$$

einen Index r. Betrachten wir nur die Niveaus $E'_{r+k:M}$ mit $k > 0$, so ist die Wahrscheinlichkeitsverteilung der Energieniveaus $E'_{r+k:M}$ durch die Funktion

$$\frac{H_\alpha(x) p_{E'}(x)}{\int_\alpha^\infty p_{E'}(t)\, dt} = \begin{cases} 0 & x < \alpha \\ \dfrac{p_{E'}(\alpha)}{\int_\alpha^\infty p_{E'}(t)\, dt} + \mathcal{O}(x - \alpha) & x \gtrsim \alpha \end{cases} \tag{2.26}$$

gegeben. Hierbei bezeichnet $H_\alpha(x)$ die Heaviside'sche Stufenfunktion, siehe Anhang A. Die Zahl der Energieniveaus E'_i oberhalb der Referenzenergie α beträgt im Mittel

$$M \int_\alpha^\infty p_{E'}(t)\, dt.$$

Wenden wir nun die Ergebnisse der Extremwertstatistik aus Abschnitt 2.3.1 an, so folgt, dass für jedes feste $k > 0$ und $N \to \infty$ die Verteilung der Energie

$$\varepsilon_k(N) = M \cdot p_{E'}(\alpha) \cdot (E'_{r+k:M} - \alpha) \tag{2.27}$$

$$\varepsilon_k = \lim_{N \to \infty} \varepsilon_k(N) \tag{2.28}$$

schwach gegen die Erlang-Verteilung

$$p_{\varepsilon_k}(x) = \frac{e^{-x} x^{k-1}}{\Gamma(k)} \tag{2.29}$$

konvergiert. Jedes l-Tupel $(\varepsilon_1, \varepsilon_2, \ldots, \varepsilon_l)$ fester Länge konvergiert in seiner Verteilung gegen das Tupel $(w_1, w_1 + w_2, \ldots, w_1 + w_2 + \cdots + w_l)$, wobei die w_i statistisch unabhängige exponentialverteilte Zufallsvariablen mit dem Mittelwert eins sind. Die Differenzen zwischen benachbarten Energieniveaus ε_k und ε_{k+1} sind also statistisch unabhängige exponentialverteilte Zufallsgrößen. Die Energien $\varepsilon_1, \varepsilon_2, \ldots$ stellen einen Poisson-Prozess auf der positiven reellen Achse dar.

2.4 Die Rolle der Spins im Random-Energie-Modell

Für die Definition des Random-Energy-Modells auf Seite 7 ist ausschließlich die Verteilung der Energieniveaus ausschlaggebend. Ein bestimmtes Energieniveau ist anders als bei anderen Spinglas-Modellen nicht an eine bestimmte Spinkonfiguration gebunden. Nichtsdestotrotz können wir aber jedem der 2^N Energieniveaus eine bestimmte Konfiguration von N Ising-Spins zuordnen, und so jedes Niveau eindeutig adressieren.

Zwischen diesen Spinkonfigurationen und den dazugehörenden Energieniveaus besteht allerdings keinerlei statistischer Zusammenhang. Dies hat z. B. zur Folge, dass der Überlapp

$$q(s_a, s_b) = \frac{1}{N} \left| \sum_{i=1}^{N} s_{a,i} \cdot s_{b,i} \right| \tag{2.30}$$

zwischen zwei Spinkonfigurationen $s_a = (s_{a,1}, \ldots, s_{a,N})$ und $s_b = (s_{a,1}, \ldots, s_{a,N})$ auf der Energieachse benachbarter Energieniveaus $E_{i:M}$ und $E_{i+1:M}$ sich wie der Überlapp zwischen zwei vollkommen willkürlich gewählten Spinkonfigurationen verhält. Die Verteilung des Überlapps ist somit durch

$$p_q(x) = \begin{cases} \dfrac{1}{2^N} \dbinom{N}{N(1-x)/2} & \text{falls } x = 0 \\[2ex] \dfrac{2}{2^N} \dbinom{N}{N(1-x)/2} & \text{sonst} \end{cases} \tag{2.31}$$

gegeben. Der Erwartungswert dieser Verteilung beträgt

$$[q] = \begin{cases} \dfrac{1}{2^N} \dbinom{N}{N/2} & \text{falls } N \text{ gerade} \\[2ex] \dfrac{1}{2^{N-1}} \dbinom{N-1}{(N-1)/2} & \text{falls } N \text{ ungerade} \end{cases}, \tag{2.32}$$

für große N geht $[q]$ asymptotisch gegen $\sqrt{2/(\pi N)}$. Das zweite Moment beträgt

$$\left[q^2\right] = \frac{1}{N}, \tag{2.33}$$

woraus die Varianz $\text{Var}[q] \approx (\pi - 2)/(\pi N)$ folgt.

Kapitel 3

Modelle mit lokaler REM-Eigenschaft

In dieser Arbeit wird gezeigt, dass physikalisch motivierte Modelle und diskrete Optimierungsprobleme in der Nähe einer fixen Referenzenergie sich im Wesentlichen wie das Random-Energy-Modell verhalten und insbesondere die gleiche Energiestatistik aufweisen. Gleichwohl die verschiedenen Energieniveaus dieser Modelle a priori *nicht* statistisch unabhängig sind. Wir bezeichnen dies als lokale REM-Eigenschaft. Bevor wir diese Eigenschaft näher untersuchen, wollen wir aber zunächst die generischen Charakteristika solcher Modelle beschreiben und dann einige konkrete Modelle vorstellen.

3.1 Allgemeine Charakteristika von Modellen mit lokaler REM-Eigenschaft

Wir betrachten die Klasse von Modellen, die sich durch die folgenden Eigenschaften auszeichnen.

1. Das Modell besitzt für jede feste Systemgröße verschiedene Realisierungen, die sich jeweils durch die Wahl von n reellwertigen Kopplungskonstanten X_i unterscheiden. Für jede Realisierung (Instanz) des Modells sind die X_i feste Zufallsvariablen (eingefrorene Unordnung). Der Träger der Wahrscheinlichkeitsverteilung, aus der die X_i gezogen werden, besteht aus mindestens einem Intervall der reellen Achse. Die ersten beiden Momente der Wahrscheinlichkeitsverteilung der X_i seien endlich. Die Variablen X_i müssen nicht statistisch unabhängig sein, sie können auch korreliert sein. Wir nehmen aber an, dass sie jeweils eine Funktion von $n' \leq n$ unabhängigen Zufallsvariablen X'_i sind.

$$X_i = f_i(X'_1, X'_2, \ldots, X'_{n'}), \qquad 1 \leq i \leq n \tag{3.1}$$

Die Zahl der statistisch unabhängigen Variablen X'_i, die die Werte der Kopplungskonstanten X_i bestimmen, muss jedoch hinreichend schnell mit der Anzahl der X_i wachsen.

2. Eine Instanz des betrachteten Modells kann sich in endlich vielen Zuständen befinden. Jeder Zustand wird eindeutig durch n dynamische Variablen $y = (y_1, y_2, \ldots, y_n)$ festgelegt. Jede dynamische Variable kann nur Werte einer endlichen Menge Y annehmen. Dabei wird nicht gefordert, dass dem n-Tupel y jedes Element des kartesischen Produkts Y^n zugewiesen werden kann. Jedoch soll die Zahl der zulässigen n-Tupel exponentiell in n wachsen.

3. Die Energie- bzw. Kostenfunktion des Modells lässt sich in der Form

$$\mathcal{H}(y) = f\left(\sum_{i=1}^{n} X_i y_i\right) \tag{3.2}$$

schreiben. Dabei ist $f(\cdot)$ entweder die Identität oder die Betragsfunktion. Die Energie $E = \mathcal{H}(y)$ lässt sich so zu einer neuen Energieskala E' umskalieren, dass die auf eins normierte Dichte der Energiezustände für $n \to \infty$ gegen eine Grenzverteilung $p_{E'}(x)$ mit endlichem ersten und zweiten Moment konvergiert.

Die in dieser Arbeit betrachteten Modelle haben also alle im Wesentlichen die gleiche Energie- bzw. Kostenfunktion (3.2). Das entscheidende Merkmal, das die verschiedenen Modelle von einander trennt, sind die Nebenbedingungen, denen zulässige Belegungen der dynamischen Variablen y_i genügen müssen, siehe Eigenschaft 2.

3.2 Einige Modelle kurz vorgestellt

3.2.1 Zahlenaufteilungsproblem

Das Zahlenaufteilungsproblem ist ein Problem der diskreten Optimierung. Es besteht darin, eine Menge $A = \{a_1, a_2, \ldots, a_N\}$ natürlicher Zahlen (Gewichte) unter Berücksichtigung einer Kosten- oder Energiefunktion

$$\mathcal{H}_{\text{NPP}}(P) = \left|\sum_{a_i \in P} a_i - \sum_{a_i \in A \setminus P} a_i\right| \tag{3.3}$$

in zwei Teilmengen P und $A \setminus P$ aufzuteilen. Man unterscheidet Entscheidungs- und Optimierungsvariante des Zahlenaufteilungsproblems.

3.2 Einige Modelle kurz vorgestellt

Entscheidungsproblem Beim Entscheidungsproblem besteht die Aufgabe darin, zu zeigen, dass für eine gegebene Menge von Gewichten eine perfekte Aufteilung (Partition) der Gewichte in zwei disjunkte Teilmengen existiert bzw. nicht existiert. Eine Partition heißt perfekt, wenn die Summe der Gewichte in beiden Teilmengen gleich groß sind (Summe aller Gewichte gerade) bzw. sich diese Summen nur um maximal eins unterscheiden (Summe aller Gewichte ungerade).

Optimierungsproblem Beim Optimierungsproblem wird eine Partition gesucht, die die Abweichungen zwischen den Summen der Gewichte in den beiden Teilmengen minimiert.

Nach Garey und Johnson [25] ist das Zahlenaufteilungsproblem in seiner Entscheidungsvariante eines der sechs grundlegenden $\mathcal{NP}$-vollständigen Probleme, siehe auch Abschnitt 7.2. In seiner Optimierungsvariante ist es $\mathcal{NP}$-hart. Die $\mathcal{NP}$-Vollständigkeit hat zur Folge, dass kein Verfahren bekannt ist, das das Zahlenaufteilungsproblem deutlich effizienter löst, als alle 2^N möglichen Partitionen durchzuprobieren.

Wird dem N-Tupel der Gewichte $(a_1, a_2, \ldots, a_N)$ ein N-Tupel $s = (s_1, s_2, \ldots, s_N)$ mit den Ising-Spin-Variablen $s_i \in \{-1, 1\}$ zugeordnet, so dass

$$s_i = \begin{cases} 1 & \text{falls Zahl } a_i \text{ in Teilmenge } P \\ -1 & \text{falls Zahl } a_i \text{ nicht in Teilmenge } P \end{cases},$$

so beschreibt dieses N-Tupel gleichfalls die Partitionierung der Zahlen a_i wie P, und wir können die Kostenfunktion (3.3) auch in der Form

$$\mathcal{H}_{\text{NPP}}(s) = \left| \sum_{i=1}^{N} a_i s_i \right| \tag{3.4}$$

schreiben. Vergleichen wir (3.4) mit (3.2), so identifizieren wir $s_i \mathrel{\hat=} y_i$, $a_i \mathrel{\hat=} X_i$ und $|\cdot| \mathrel{\hat=} f(\cdot)$. Ohne die Betragsstriche entspricht die Kostenfunktion (3.4) einer Hamilton-Funktion von N nicht wechselwirkenden Ising-Spins s_i in lokalen Zufallsfeldern a_i.

Sehr eng verwandt mit dem Zahlenaufteilungsproblem ist das Untersummenproblem. Auch hier ist eine Menge $A = \{a_1, a_2, \ldots, a_N\}$ natürlicher Zahlen in zwei Teilmengen P und $A \setminus P$ aufzuteilen. Diesmal so, dass die Summe in einer der Mengen einen vorgegebenen Wert b erreicht.

$$\sum_{a_i \in P} a_i = b \tag{3.5}$$

Analog zum Zahlenaufteilungsproblem kann mit den Variablen $s_i \in \{0,1\}$ auch diese Kostenfunktion in die Form (3.2) gebracht werden.

$$\mathcal{H}_{\text{SubSum}}(s) = \sum_{i=1}^{N} a_i s_i \tag{3.6}$$

Eine mögliche Verallgemeinerung des Zahlenaufteilungsproblem stellt das Multiprozessor-Scheduling-Problem [25, 4, 7] dar. Hierbei ist die Menge der natürlichen Zahlen $A = \{a_1, a_2, \ldots, a_N\}$ möglichst gleichmäßig auf m Teilmengen aufzuteilen. Man stelle sich die Gewichte als Laufzeiten von Programmen vor. Dann besteht das Multiprozessor-Scheduling-Problem darin, diese Programme auf die Prozessoren eines Parallelcomputers möglichst gleichmäßig aufzuteilen. Eine Partition heißt perfekt, wenn die Summe der Gewichte in allen Teilmengen gleich groß sind (Summe aller Gewichte durch m teilbar) bzw. sich diese Summen paarweise nur um maximal eins unterscheiden (Summe aller Gewichte nicht durch m teilbar).

In welcher Teilmenge sich das Gewicht a_i befindet, codiert ein $(m-1)$-dimensionaler Vektor $\vec{s}_i$, der gleich einem der Einheitsvektoren $\vec{e}_1, \vec{e}_2, \ldots, \vec{e}_m$ sein kann. Diese Einheitsvektoren schließen paarweise den gleichen Winkel ein, es gilt

$$\vec{e}_i \cdot \vec{e}_j = \frac{m\delta_{i,j} - 1}{m - 1}. \tag{3.7}$$

Die Vektoren $\vec{e}_1, \vec{e}_2, \ldots, \vec{e}_m$ sind in der statistischen Physik auch als Potts-Vektoren bekannt, siehe [24]. Die Kostenfunktion des Multiprozessor-Scheduling-Problems lautet mit $s = (\vec{s}_1, \vec{s}_2, \ldots, \vec{s}_N)$

$$\mathcal{H}_{\text{MSP}}(s) = \left| \sum_{i=1}^{N} a_i \vec{s}_i \right|. \tag{3.8}$$

Für $m = 2$ reduziert sich das Multiprozessor-Scheduling-Problem auf das Zahlenaufteilungsproblem.

Zahlenaufteilungs- und Multiprozessor-Scheduling-Problem sind nicht grundsätzlich schwere Probleme. Der algorithmische Aufwand, der nötig ist, eine Instanz dieser Probleme zu lösen, hängt von der numerischen Auflösung und der Zahl der Gewichte ab. Sei eine Zufallsinstanz des Multiprozessor-Scheduling-Problems mit zwischen 1 und $a_{\max}$ gleichverteilten zufälligen Gewichten a_i gegeben. Der Ordnungsparameter

$$\kappa = \frac{m-1}{N} \log_m a_{\max} \tag{3.9}$$

ist ein Maß für die Schwierigkeit des Multiprozessor-Scheduling-Problems. Ist die numerische Auflösung der Zufallsgewichte groß ($\kappa > 1$), so existiert im Limes $N \to \infty$ bei festem κ mit Wahrscheinlichkeit eins für eine Zufallsinstanz des Multiprozessor-Scheduling-Problems keine einzige perfekte Partition. Die Partition, die die Kostenfunktion (3.8) minimiert, zu finden, benötigt eine Rechenzeit, die exponentiell in N wächst. Sinkt die numerische Auflösung, so dass $\kappa < 1$, so existiert eine exponentielle Zahl (im Mittel $m^{N(1-\kappa)}$, siehe [4]) perfekter Partitionen. *Eine* dieser perfekten Partitionen zu finden, ist relativ einfach. Trotzdem wächst auch hier der Rechenaufwand exponentiell in N.

Ein wichtiger Grenzfall von Zahlenaufteilungs- und Multiprozessor-Scheduling-Problem ist der beliebig großer numerischer Genauigkeit, $\kappa \to \infty$. Diesen Grenzfall können wir entweder durch sehr große ganzzahlige Gewichte oder reelle, aber beschränkte Gewichte realisieren.

Das Zahlenaufteilungsproblem ist auch von praktischem Interesse. Es tritt bei Scheduling-Problemen und dem Chip-Design auf. Ende der 1970er wurde ein Public-Key-Verschlüsselungsverfahren vorgeschlagen [41, 32], das auf dem Untersummenproblem beruht. Leider gilt dieses Verfahren heute als unsicher, siehe [47]. Aus physikalischer Sicht ist das Zahlenaufteilungsproblem interessant, weil man es als ein antiferromagnetisches Spinsystem mit langreichweitigen Wechselwirkungen betrachten kann. Die Abbildung auf dieses Spinsystem erlaubt es, das Zahlenaufteilungsproblem mit Methoden der statistischen Mechanik zu untersuchen [48, 43].

3.2.2 Spingläser

Das Edwards-Anderson-Modell [22] ist sicher *das* prototypische Modell eines Spinglases [45, 8]. Es beschreibt ein System aus in einem regelmäßigen Gitter angeordneten Ising-Spins. Diese Spins wechselwirken paarweise, wobei die Stärke der Wechselwirkung zufällig ist und sich von Ort zu Ort unterscheidet. Die Energiefunktion ist durch

$$\mathcal{H}_{EA}(s) = -\sum_{(i,j)} J_{\{i,j\}} s_i s_j \qquad (3.10)$$

gegeben. Die Summe läuft über alle benachbarten Spins.

Die Zahl der Kopplungsterme $J_{\{i,j\}}$ ist proportional zur Anzahl N der Spins. Die Proportionalitätskonstante hängt vom Gittertyp ab und ist z. B. für kartesische Gitter gleich der Dimension des Gitters. Randspins in endlichen Systemen haben zwar weniger Nachbarn, im Limes $N \to \infty$ spielen diese aber eine untergeordnete Rolle.

Typischerweise werden als Kopplungskonstanten $J_{i,j}$ normalverteilte Zufallszahlen mit Mittelwert null betrachtet. Ist ihr Mittelwert positiv, bekommt das Modell einen mehr oder weniger starken ferromagnetischen Charakter, während ein negativer Mittelwert ihm einen antiferromagnetischen Charakter verleiht. Weitere Variationen des Modells sind möglich. So kann man das Edwards-Anderson-Modell z. B. auf zufällig ausgedünnten Gittern oder auch mit zusätzlichem Magnetfeld betrachten.

Geht man vom regelmäßigen Gitter des Edwards-Anderson-Modells zu einem vollständigen Graphen über, in dem jeder Spin mit jedem anderen wechselwirkt, so erhält man das Sherrington-Kirkpatrick-Modell [50]. Es ist gewissermaßen der hochdimensionale Grenzfall des Edwards-Anderson-Modells. Die Energiefunktion lautet nun

$$\mathcal{H}_{SK}(s) = - \sum_{i=1}^{N-1} \sum_{j=i+1}^{N} J_{\{i,j\}} s_i s_j. \qquad (3.11)$$

Die Kopplungskonstanten $J_{\{i,j\}}$ sind auch hier normalverteilte Zufallszahlen mit Mittelwert null. Im Gegensatz zum Edwards-Anderson-Modell wächst beim Sherrington-Kirkpatrick-Modell deren Anzahl proportional zum Quadrat der Systemgröße. Insgesamt besitzt das Modell $N(N-1)/2$ Kopplungskonstanten. Damit die Energie der Grundzustände trotzdem extensiv (proportional zu N) ist, muss die Varianz der Verteilung $p_J(x)$, aus der die Kopplungskonstanten gezogen werden, umgekehrt proportional zu N schrumpfen.

$$p_J(x) = \frac{1}{\sqrt{2\pi\sigma^2/(N/2)}} e^{-\frac{x^2}{2\sigma^2/(N/2)}}$$

Die Hamilton-Funktionen (3.10) und (3.11) haben noch nicht die Form (3.2) können aber leicht auf diese gebracht werden. Jede der beiden Summen in (3.10) und (3.11) läuft über die Kanten eines ungerichteten Graphen. Dessen Kanten können „befriedigt"

$$s_{\{i,j\}} = -s_i s_j \, \text{sgn} \, J_{\{i,j\}} = -1$$

oder „unbefriedigt"

$$s_{\{i,j\}} = -s_i s_j \, \text{sgn} \, J_{\{i,j\}} = 1$$

sein. Mit den neuen Variablen $s_{\{i,j\}}$ lässt sich die Hamilton-Funktion eines jeden Spinglasmodells mit Zwei-Spin-Wechselwirkungen als

$$\mathcal{H}_{\text{Spinglas}}(s) = \sum |J_{\{i,j\}}| s_{\{i,j\}} \qquad (3.12)$$

schreiben, wobei die Summe über alle Kanten des Graphen, auf dem das Modell definiert ist, läuft. Die neuen dynamischen Variablen $s_{\{i,j\}}$ sind eine Funktion der alten Variablen s_i. Im Allgemeinen übersteigt die Zahl der neuen dynamischen Variablen die der alten. Die Werte der $s_{\{i,j\}}$ können also nicht unabhängig voneinander gewählt werden.

Das Sherrington-Kirkpatrick-Modell ist ein Spezialfall des p-Spin-Modells, das schon in Abschnitt 2.2 kurz vorgestellt wurde, mit $p = 2$. Einen anderen wichtigen Spezialfall des p-Spin-Modells finden wir für $p = 1$. Hier reduziert sich die Hamilton-Funktion auf

$$\mathcal{H}_{p=1}(s) = -\sum_{i=1}^{N} J_{\{i\}} s_i \, .$$

Jeder Spin wechselwirkt nur noch mit einem lokalen Zufallsfeld, nicht aber mit anderen Spins. Im Wesentlichen ist diese Hamilton-Funktion mit der Kostenfunktion (3.4) des Zahlenaufteilungsproblems identisch. Die Hamilton-Funktionen des p-Spin-Modells mit $p > 2$ kann ähnlich wie Spinglasmodelle mit Zwei-Spin-Wechselwirkungen durch Einführung neuer dynamischer Variablen auf die Form (3.2) gebracht werden.

3.2.3 Gerichtete Wege in Zufallsmedien

Gerichtete Wege (oder Polymere) in Zufallsmedien (*directed polymer in random media*) sind ein grundlegendes Problem der statistischen Physik ungeordneter Systeme [29, 2]. In einer zufälligen Energielandschaft sind Wege zwischen zwei Punkten zu finden, deren entlang ihrer Stecke akkumulierte Energie minimal ist. Dieser Problemstellung begegnet man z. B. bei der Untersuchung der Geometrie von Domänenwänden in ungeordneten Magneten [34] oder als einfaches Modell für Flusslinien in verunreinigten Supraleitern [9].

Wir betrachten hier Wege auf diskreten Gittern, siehe Abb. 3.1. Ausgehend von einem fixen Startpunkt, kann sich der Weg in jedem Schritt entweder nach links-unten oder rechts-unten fortsetzen. Schritte nach oben sind nicht möglich. Die vertikale Dimension wird darum auch gern als zeitliche Dimension aufgefasst und man spricht bei dem in Abb. 3.1 gezeigten Modell auch von einem $(1+1)$-dimensionalem Zufallsmedium. Es kann auf $(d+1)$ Dimensionen verallgemeinert werden.

Jede Kante i des Mediums trägt einen zufälligen Energiebetrag J_i. Entsprechend wird jedem Weg der Länge N im Medium eine bestimmte Energie zugeordnet, die gleich der Summe der Energiebeträge entlang der Kanten des Weges ist. Sei i_k die Nummer der Kante im k-ten Schritt auf dem Wege vom Startpunkt zur Basis des

3 Modelle mit lokaler REM-Eigenschaft

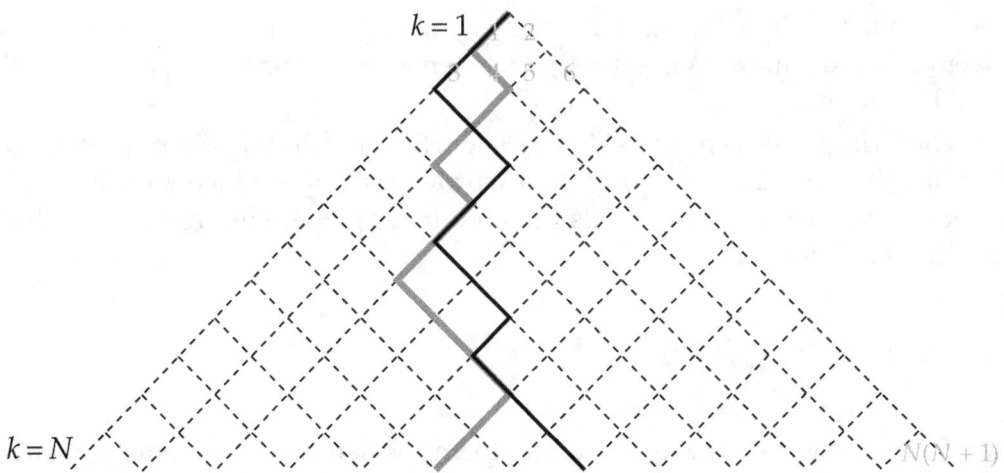

Abb. 3.1: $(1+1)$-dimensionales Zufallsmedium. Jede Kante ist mit einem zufälligen Energiewert belegt. Wege in diesem Medium verlaufen von der Spitze des Dreiecks zur Basis. Kanten werden von der Spitze zur Basis durchnummeriert

Mediums, so ist die Energie gleich

$$\mathcal{H}_{\text{DPRM}}(i) = \sum_{k=1}^{N} J_{i_k}. \tag{3.13}$$

Alternativ können wir die Hamilton-Funktion (3.13) auch als

$$\mathcal{H}_{\text{DPRM}}(s) = \sum_{i=1}^{N(N+1)} J_i s_i \tag{3.14}$$

schreiben. Die Variable s_i ist eins, wenn der Weg entlang der Kante i führt, sonst null. Formal werden gerichtete Wege in Zufallsmedien und das Untersummenproblem durch die gleiche Kostenfunktion beschrieben. Der entscheidende Unterschied besteht darin, dass in (3.14) jedoch nur solche Belegungen der dynamischen Variablen s_i erlaubt sind, die zu einem Pfad von der Spitze zur Basis des Mediums korrespondieren.

Der Grundzustand des Modells ist der Weg fester Länge N, der die kleinste Energie hat, gleichgültig wo an der Basis in Abb. 3.1 der Weg endet. Abbildung 3.2 zeigt für eine zufällige Realisierung der Kantenenergien für jeden Endpunkt an der Basis den Weg minimaler Energie zur Spitze. Interpretiert man die Kantenenergien J_i als Weglängen, so entpuppen sich die Grundzustände im Zufallsmedium als kürzeste Wege in einem gerichteten Graphen. Dies ist ein gut untersuchtes Problem der kombinatorischen Optimierung [35, 40].

3.2 Einige Modelle kurz vorgestellt

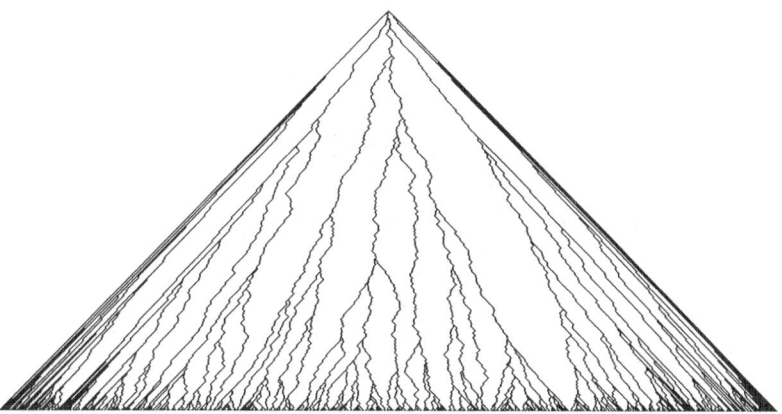

Abb. 3.2: Gerichtete Wege in einem $(1+1)$-dimensionalen Zufallsmedium. Zu sehen sind die Wege minimaler Energie, die an der Spitze des Dreiecks starten und an einem festen Punkt der Basis enden. Jedes Polymer geht über $N = 500$ Kanten, Kantengewichte sind normalverteilt mit Mittelwert null.

3.2.4 Cluster-Minimierung

Kleine Aggregate von Atomen, so genannte Cluster, sind ein wichtiger Gegenstand physikalischer Untersuchungen, sowohl aus theoretischer als auch aus experimenteller Sicht [55, 36]. Cluster spielen eine zentrale Rolle u. a. bei der Keimbildung, in der Halbleiterphysik und der Nanotechnik.

Im einfachsten Falle lässt sich ein Cluster aus N Atomen durch ein Paarpotential $U(\vec{r})$ und die klassische Hamilton-Funktion

$$\mathcal{H}(\vec{r}_1, \vec{r}_2, \ldots, \vec{r}_N) = \sum_{i=1}^{N-1} \sum_{j=i+1}^{N} U(\vec{r}_i - \vec{r}_j) \tag{3.15}$$

beschreiben, wobei $\vec{r}_i$ die Position des i-ten Atoms sei. Diese potentielle Energie hat in der Regel sehr viele lokale Minima und Sattelpunkte. Schränkt man die Art des Paarpotentials $U(\vec{r})$ nicht weiter ein, so ist es grundsätzlich sehr schwer, die Konfiguration minimaler Energie zu finden [57].

Die Berechnung des Grundzustands eines Clusters ist praktisch nur mit Hilfe des Computers möglich. Ein Computer kann die Koordinaten $\vec{r}_i$ nur mit endlicher Genauigkeit darstellen. Ist das Potential $U(\vec{r})$ für kleine Abstände stark repulsiv, durchläuft für moderate Abstände ein Minimum und geht für sehr große Abstände gegen null, so sind die Atome des Clusters in einem endlichen Raumgebiet gebunden. Darum wollen wir das Problem der Minimierung der potentiellen Energie

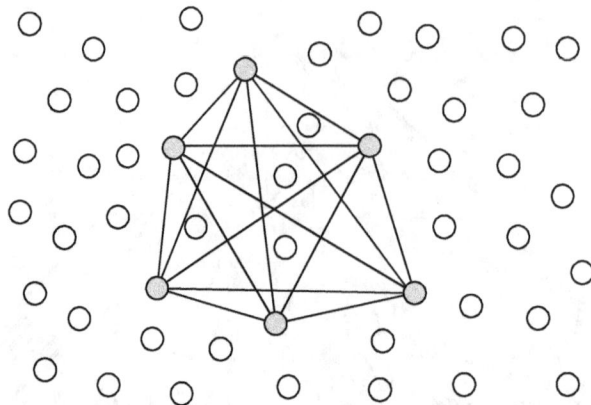

Abb. 3.3: Veranschaulichung des Cluster-Minimierungs-Problems mit $N = 6$ und $N' = 50$. Gesucht sind sechs Punkte im Raum (Kreise), so dass das Potential zwischen ihnen minimal ist.

(3.15) nach [57] in einer diskreten Variante formulieren, in dem sich die Atome des Clusters nur auf endlich vielen Raumpunkten anordnen können.

Gegeben seien $N' > N$ Punkte $\vec{r}_i$ und $N'(N'-1)/2$ Paarpotentiale $U_{\{i,j\}}$. Gesucht ist eine N-elementige Teilmenge C der Punkte $\vec{r}_i$, so dass die potentielle Energie

$$\mathcal{H}_{\mathrm{CM}}(C) = \sum_{\vec{r}_i \in C, \vec{r}_j \in C} U_{\{i,j\}} \qquad (3.16)$$

minimal ist.

Identifiziert man die möglichen Aufenthaltsorte der Atome und deren Paarpotentiale mit den Knoten eines vollständigen Graphen $G(V', E')$ mit N' Knoten und den Kantengewichten $U_{\{i,j\}}$ zwischen den Knoten i und j, so lässt sich dieses Minimierungsproblem auch in der Sprache der Graphentheorie formulieren. Jede N-elementige Teilmenge V der Knotenmenge V' bildet zusammen mit den $N(N-1)/2$ Kanten zwischen diesen Knoten einen Teilgraphen $C(V, E)$ von $G(V', E')$. Dieser entspricht einem Cluster. Der Teilgraph C soll so gewählt werden, dass die Summe der Kantengewichte des Teilgraphen minimal ist.

$$\mathcal{H}_{\mathrm{CM}}(C) = \sum s_{\{i,j\}} U_{\{i,j\}} \qquad (3.17)$$

mit

$$s_{\{i,j\}} = \begin{cases} 1 & \text{falls Kante von Konten } i \text{ zu Knoten } j \text{ in } C \\ 0 & \text{sonst} \end{cases} \qquad (3.18)$$

Die $N'(N'-1)/2$ Kantengewichte bzw. Potentiale können voneinander unabhängige Zufallsgrößen sein. Physikalisch realistischer ist es jedoch [1], die Potentiale $U_{\{i,j\}}$ in Abhängigkeit vom Abstand zwischen den Raumpunkten $\vec{r}_i$ und $\vec{r}_j$ zu wählen, wie in Formel (3.15) angedeutet. In Anlehnung an [1] wollen wir in dieser Arbeit nur Punkte $\vec{r}_i$ betrachten, die sich auf der Oberfläche der Einheitskugel befinden. Selbst wenn wir diese Punkte zufällig wählen, sind die Potentiale zwischen diesen Punkten hochgradig korreliert. Denn wir haben zwar $N'(N'-1)/2$ Potentiale $U(\vec{r}_i - \vec{r}_j)$. Diese werden aber von nur N' Punkten auf der Einheitskugel induziert. In dieser Hinsicht unterscheidet sich das Cluster-Minimierungs-Problem deutlich von den anderen in diesem Kapitel vorgestellten Modellen, die keinerlei geometrische Korrelationen zwischen den Kopplungskonstanten aufweisen.

3.2.5 Weitere Modelle

Die Liste von Modellen oder Problemen, die die im Abschnitt 3.1 beschriebenen Eigenschaften aufweisen, ließe sich noch lange fortsetzen. In diese Liste gehören insbesondere einige graphentheoretische Probleme mit folgenden Eigenschaften:

- Es ist eine bestimmte Teilmenge von Kanten eines gewichten Graphens gesucht.

- Diese Teilmenge von Kanten muss bestimmten Nebenbedingungen genügen. So kann z. B. gefordert sein, dass der ausgewählte Teilgraph ein Baum oder ein Zyklus ist.

- Die Kostenfunktion des Problems ist gleich der Summe der Kantengewichte im gewählten Teilgraph.

Probleme, die diese Struktur aufweisen, sind z. B. minimaler Spannbaum, das Problem des Handlungsreisenden, gewichtete Paarungen und kürzeste Wege [35, 40].

Kapitel 4

Lokale REM-Eigenschaft des Energiespektrums

In Abschnitt 2.2 haben wir gesehen, dass die wesentliche Eigenschaft des Random-Energy-Modells darin besteht, dass sämtliche Zustände statistisch unabhängige Energiewerte besitzen. Aus dieser statistischen Unabhängigkeit folgt, dass das Spektrum der Energieniveaus in unmittelbarer Nähe einer festen Referenzenergie nach einer geeigneten Reskalierung der Energieachse im thermodynamischen Limes einen eindimensionalen Poisson-Prozess darstellt und durch die Erlang-Verteilung (2.29) beschrieben wird. Diese Eigenschaft besitzt das Random-Energy-Modell per Konstruktion. Überraschenderweise sind bei der in Kapitel 3 vorgestellten Klasse von Modellen zumindest energetisch benachbarte Energieniveaus gleichfalls statistisch unabhängige Zufallsgrößen, ohne dass diese Eigenschaft explizites Konstruktionsmerkmal dieser Modellklasse wäre.

4.1 These zum Energiespektrum

These 1 (Lokale REM-Eigenschaft des Energiespektrums) Gegeben sei ein Modell, das die Eigenschaften 1 bis 3 auf Seite 17 erfüllt. So besitzt dieses Modell für eine Realisierung der Kopplungskonstanten M verschiedene Energieniveaus

$$E'_{1:M} \leq E'_{2:M} \leq \ldots \leq E'_{M:M},$$

die im Limes $n \to \infty$ in der Umgebung jeder Referenzenergie α mit $p_{E'}(\alpha) > 0$ einen eindimensionalen Poisson-Prozess darstellen.

Genauer: Die Referenzenergie α bestimmt einen Index r, so dass

$$E'_{r:M} < \alpha \leq E'_{r+1:M}.$$

Existiert keine Partition mit der Energie $E'_i < \alpha$, da $\alpha \leq E'_{1:M}$, so sei $r = 0$.

1. Mit der reskalierten Energie

$$\varepsilon_k(n) = M \cdot p_{E'}(\alpha) \cdot (E'_{r+k:M} - \alpha) \tag{4.1}$$
$$\varepsilon_k = \lim_{n \to \infty} \varepsilon_k(n) \tag{4.2}$$

   konvergiert jedes l-Tupel $(\varepsilon_1, \varepsilon_2, \ldots, \varepsilon_l)$ fester Länge im Limes $n \to \infty$ bezüglich seiner Verteilung gegen das Tupel $(w_1, w_1 + w_2, \ldots, w_1 + w_2 + \cdots + w_l)$, wobei die w_i exponentialverteilte statistisch unabhängige Zufallsvariablen mit dem Mittelwert eins sind.

2. Daraus folgt, dass die Verteilung der ε_k schwach gegen die Erlang-Verteilung

$$p_{\varepsilon_k}(x) = \frac{e^{-x} x^{k-1}}{\Gamma(k)} \tag{4.3}$$

   konvergiert.

Vergleichen wir die Aussagen der These 1 mit den Ergebnissen aus Abschnitt 2.3.3 zur Statistik der Energieniveaus des Random-Energy-Modells, so wird deutlich: Die These 1 behauptet nichts weiter, als dass sich die Energiespektren der durch die Punkte 1 bis 3 auf Seite 17 charakterisierten Modelle lokal um eine Referenzenergie herum wie das Random-Energy-Modell verhalten. Wir sprechen darum von der „lokalen REM-Eigenschaft". Die zweite Aussage der These 1 folgt aus der ersten, aber nicht umgekehrt. Die Aussage über die statistische Unabhängigkeit der ε_k ist stärker als die Aussage bezüglich der Verteilung der ε_k.

4.2 Energiespektren verschiedener Modelle mit lokaler REM-Eigenschaft

4.2.1 Das Zahlenaufteilungsproblem

Wir betrachten das Zahlenaufteilungsproblem mit reellen Gewichten a_i. Bei dieser Variante des Zahlenaufteilungsproblems findet man praktisch bei keiner Realisierung der Gewichte eine perfekte Partition. Die minimale Differenz der Summen beider Teilmengen ist größer als null. Aber wie groß? Wie lautet die Verteilung

4.2 Energiespektren verschiedener Modelle mit lokaler REM-Eigenschaft

des kleinsten Wertes der Kostenfunktion (3.4)? Diese Fragen lassen sich mit der Hypothese, dass das Kostenspektrum nahe des Optimums wie das Energiespektrum des Random-Energy-Modells aussieht, beantworten [42, 43].

Wählen wir eine zufällige Partition s der Gewichte a_i, so beträgt die Wahrscheinlichkeit, dass die Energie dieser Partition zwischen E und $E + dE$ liegt

$$p_E(E)\,dE = \langle\!\langle \delta(E - \mathcal{H}_{\text{NPP}}(s)) \rangle\!\rangle \, dE.$$

Im Limes großer Systeme ($N \to \infty$) finden wir für $x \geq 0$

$$p_E(x) = \frac{2}{\sqrt{2\pi\sigma^2 N}} e^{-\frac{x^2}{2\sigma^2 N}}, \qquad (4.4)$$

was im Wesentlichen aus dem zentralen Grenzwertsatz folgt. Dabei steht σ^2 für das zweite Moment der Verteilung, aus der die reellen Gewichte a_i gezogen wurden. Sind die Gewichte in $(0,1]$ gleichverteilt, so gilt $\sigma^2 = 1/3$. In (4.4) haben wir den Grenzübergang $N \to \infty$ noch nicht vollständig ausgeführt, die Verteilung hängt noch immer von N ab. Erst die Verteilung der skalierten Energie $E' = E/\sqrt{N\sigma^2}$ konvergiert schwach gegen die von N unabhängige Verteilung

$$p_{E'}(x) = \frac{2}{\sqrt{2\pi}} e^{-\frac{x^2}{2}} \qquad \text{für } x \geq 0. \qquad (4.5)$$

Es existieren insgesamt 2^N Möglichkeiten, N Zahlen auf zwei Teilmengen aufzuteilen. Allerdings besitzen je zwei Partitionen, die durch Vertauschung der beiden Teilmengen ineinander überführt werden können, die gleiche Energie. Wir finden also maximal $M = 2^{N-1}$ verschiedene Energieniveaus. Machen wir die Annahme, dass diese M Energieniveaus allesamt unabhängige aus der Verteilung (4.5) gezogene Zufallsvariablen sind, so folgt mit den Ergebnissen der Extremwertstatistik aus Abschnitt 2.3.1 die Verteilung der Energie der besten, zweitbesten, usw. Partition.

Dazu ordnen wir die M Energieniveaus E'_i einer Instanz des Zahlenaufteilungsproblems ihrer Größe nach.

$$E'_{1:M} \leq E'_{2:M} \leq \cdots \leq E'_{M:M}$$

Das nullte Glied in der Taylor-Reihen-Entwicklung der Wahrscheinlichkeitsverteilung (4.5) um $x = 0$ verschwindet nicht. Mit der Hypothese, dass die Energiezustände des Zahlenaufteilungsproblems sich lokal wie die des Random-Energy-Modells verhalten, folgt nach Abschnitt 2.3.1, dass für jedes feste k und $N \to \infty$ die Verteilung der reskalierten Energie

$$\varepsilon_k(N) = M \cdot p_{E'}(0) \cdot E'_{k:M} \qquad (4.6)$$
$$\varepsilon_k = \lim_{N\to\infty} \varepsilon_k(N) \qquad (4.7)$$

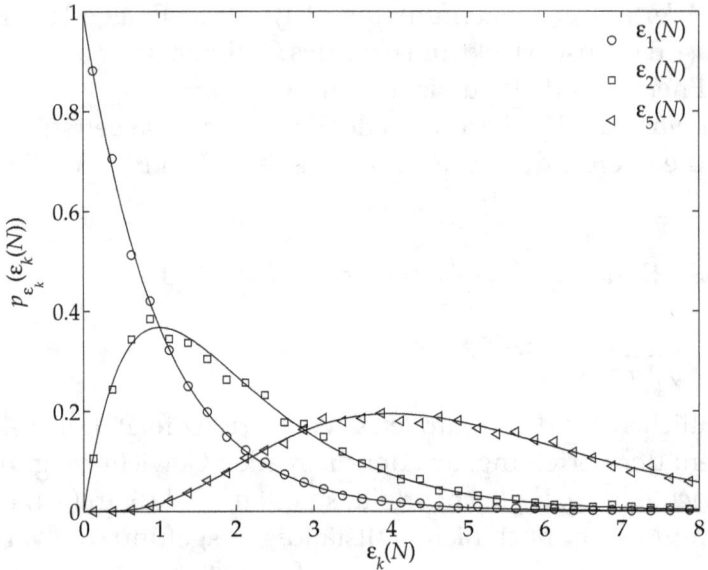

Abb. 4.1: Verteilung der reskalierten Kosten $\varepsilon_k(N)$ des Zahlenaufteilungsproblems mit $N = 32$ in $(0, 1]$ gleichverteilten Gewichten. Die durchgezogenen Linien entsprechen der asymptotischen Verteilung (4.3), die Symbole geben die Ergebnisse der Numerik wieder. Es wurde über 10 000 Instanzen gemittelt, Referenzenergie bei $\alpha = 0$ (siehe unten).

schwach gegen (4.3) konvergiert. Jedes l-Tupel $(\varepsilon_1, \varepsilon_2, \ldots, \varepsilon_l)$ fester Länge konvergiert in seiner Verteilung gegen das Tupel $(w_1, w_1 + w_2, \ldots, w_1 + w_2 + \cdots + w_l)$, wobei die w_i exponentialverteilte statistisch unabhängige Zufallsvariablen mit dem Mittelwert eins sind.

Dass die Energien der besten Partitionen tatsächlich der Verteilung (4.3) genügen, lässt sich leicht numerisch überprüfen. Dazu wurden zahlreiche Zufallsinstanzen des Zahlenaufteilungsproblems erzeugt und mit einer modifizierten Variante des Algorithmus von Horowitz und Sahni [33, 37] deren beste, zweitbeste usw. Partition berechnet. Die dabei erhaltene Verteilung der reskalierten Energien $\varepsilon_k(N)$ ist in Abb. 4.1 zu sehen. Die Abbildung zeigt, dass selbst für eine relativ kleine Systemgröße von $N = 32$ die reskalierten Energien $\varepsilon_k(N)$ im Rahmen der Numerik wie (4.3) verteilt sind.

Dies bestätigt aber nur die schwächere Aussage der lokalen REM-Eigenschaft bezüglich der Verteilung der ε_k. Lokale REM-Eigenschaft bedeutet aber zusätzlich, dass die Abstände zwischen den ε_k statistisch unabhängig sind. Ein Indiz dafür, dass

4.2 Energiespektren verschiedener Modelle mit lokaler REM-Eigenschaft

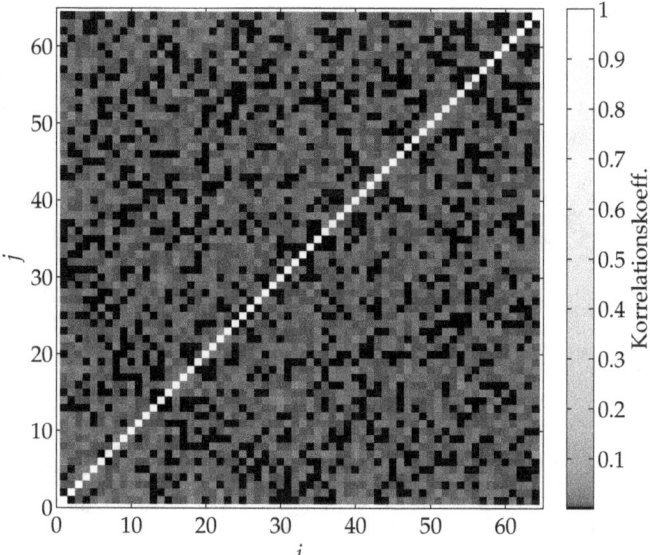

Abb. 4.2: Matrix der Korrelationskoeffizienten bezüglich w_i und w_j. Es wurde über 10 000 Instanzen mit $N = 32$ in $(0,1]$ gleichverteilten Gewichten gemittelt, Referenzenergie bei $\alpha = 0$ (siehe unten).

dies tatsächlich so ist, liefert die Abb. 4.2. Dort wird illustriert, dass die Differenzen

$$w_1 = \varepsilon_1, \qquad w_k = \varepsilon_k - \varepsilon_{k-1} \qquad \text{für } k > 1$$

paarweise unkorreliert sind. In der Abbildung ist die farbcodierte Korrelationsmatrix der Variablen w_k zu sehen. Alle Matrixelemente neben der Hauptdiagonalen sind praktisch null. Paarweise Unkorreliertheit ist leider nur ein notwendiges, kein hinreichendes Kriterium für die statistische Unabhängigkeit der w_k.

Für die Ableitung der Verteilung (4.3) haben wir die Ad-hoc-Annahme gemacht, dass die verschiedenen Energieniveaus einer Instanz des Zahlenaufteilungsproblems statistisch unabhängige Größen sind. Allerdings kann die Verteilung (4.3) aus These 1 rigoros ohne diese Annahme bewiesen werden [12]. In [12] wird außerdem gezeigt, dass die Differenzen w_k des l-Tupels

$$(\varepsilon_1, \varepsilon_2, \ldots, \varepsilon_l) = (w_1, w_1 + w_2, \ldots, w_1 + w_2 + \cdots + w_l)$$

bei festem l für $N \to \infty$ statistisch unabhängige exponentialverteilte Zufallszahlen sind.

Bemerkenswerterweise finden wir die lokale REM-Eigenschaft nicht nur in den Grundzuständen des Zahlenaufteilungsproblems. Auch auf höheren Energieskalen

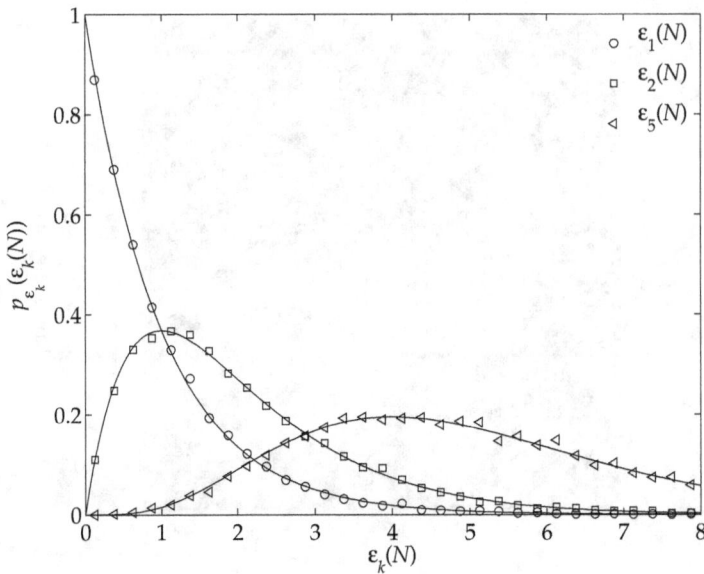

Abb. 4.3: Verteilung der reskalierten Kosten $\varepsilon_k(N)$ bei $\alpha = 1$ des Zahlenaufteilungsproblems mit $N = 32$ in $(0,1]$ gleichverteilten Gewichten. Die durchgezogenen Linien entsprechen der asymptotischen Verteilung (4.3), die Symbole geben die Ergebnisse der Numerik wieder. Es wurde über 10 000 Instanzen gemittelt.

sind energetisch benachbarte Partitionen zufällig. Um dies formal zu beschreiben, wählen wir eine Referenzenergie α und ermitteln einen Index r, so dass

$$E'_{r:M} < \alpha \leq E'_{r+1:M}.$$

Existiert keine Partition mit der Energie $E'_i < \alpha$, da $\alpha \leq E'_{1:M}$, so sei $r = 0$. Wir betrachten nun die Energien oberhalb der Referenzenergie α [5]. Mit der Hypothese, dass die Energien des Zahlenaufteilungsproblems statistisch unabhängig sind, erhalten wir analog zu Abschnitt 2.3.3, dass die Verteilung der reskalierten Energie

$$\varepsilon_k(N) = M \cdot p_{E'}(\alpha) \cdot (E'_{r+k:M} - \alpha) \qquad (4.8)$$

$$\varepsilon_k = \lim_{N \to \infty} \varepsilon_k(N) \qquad (4.9)$$

schwach gegen die Verteilung (4.3) konvergieren. Auch hier konvergiert jedes l-Tupel $(\varepsilon_1, \varepsilon_2, \ldots, \varepsilon_l)$ fester Länge für $N \to \infty$ bezüglich seiner Verteilung gegen das Tupel $(w_1, w_1 + w_2, \ldots, w_1 + w_2 + \cdots + w_l)$, wobei die w_k exponentialverteilte statistisch unabhängige Zufallsvariablen mit dem Mittelwert eins sind. Wieder wird

4.2 Energiespektren verschiedener Modelle mit lokaler REM-Eigenschaft

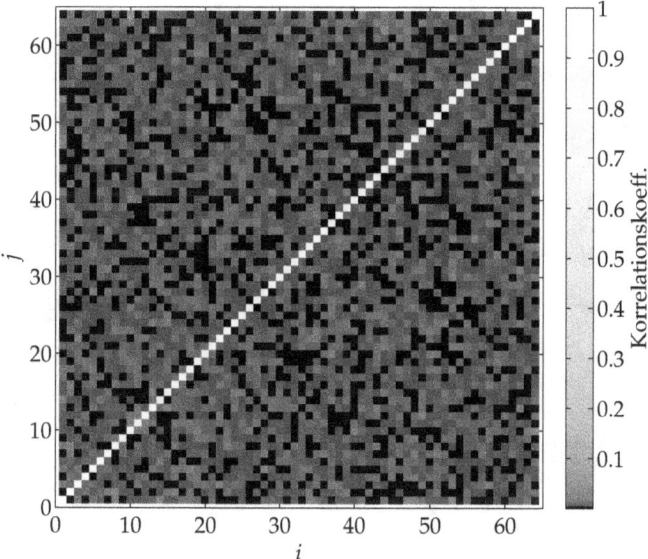

Abb. 4.4: Matrix der Korrelationskoeffizienten bezüglich w_i und w_j. Es wurde über 10 000 Instanzen mit $N = 32$ in $(0, 1]$ gleichverteilten Gewichten gemittelt, Referenzenergie bei $\alpha = 1$.

dies durch die Numerik bestätigt, wie in Abb. 4.3 zu sehen. Abbildung 4.4 stützt die These, dass die Differenzen

$$w_1 = \varepsilon_1, \qquad w_k = \varepsilon_k - \varepsilon_{k-1} \qquad \text{für } k > 1$$

paarweise statistisch unabhängig sind. In der Abbildung ist die farbcodierte Korrelationsmatrix der Variablen w_k zu sehen, deren Einträge neben der Hauptdiagonalen alle praktisch verschwinden. Ein rigoroser Beweis dafür, dass die Differenzen geeignet reskalierter, energetisch benachbarter Energieniveaus tatsächlich gegen exponentialverteilte statistisch unabhängige Zufallsvariablen konvergiert, wird in [10] gegeben.

These 1 bezieht sich auf den Limes großer Systeme. Für endliche Systeme kann die Energie ε_k nicht für beliebig große Referenzenergien α durch die Verteilung (4.3) beschrieben werden. Dies ist allein deshalb schon nicht möglich, weil das größte Energieniveau $E'_{M:M} = \mathcal{O}(\sqrt{N})$ ist. Wählen wir eine große Referenzenergie α, so weicht z. B. der Mittelwert von ε_1 systematisch von eins ab, wie in Abb. 4.5 gezeigt. Jedoch vergrößert sich mit wachsender Systemgröße der Bereich der Referenzenergien, für die sich das Zahlenaufteilungsproblem gemäß den Vorhersagen der lokalen REM-Eigenschaft verhält. Dazu darf der Bereich der Referenzenergien

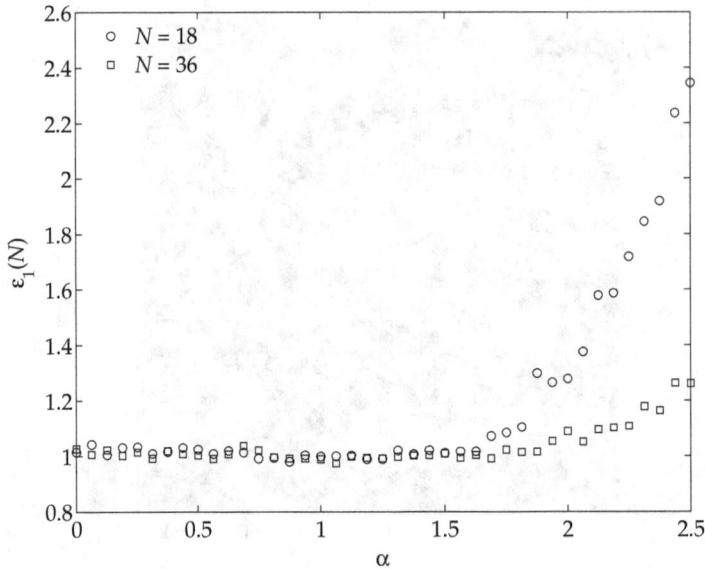

Abb. 4.5: Mittlere reskalierte Kosten $\varepsilon_1(N)$ als Funktion der Referenzenergie α. Es wurde über 5 000 Instanzen mit in $(0,1]$ gleichverteilten Gewichten gemittelt.

nicht schneller als $\sqrt[4]{N}$ wachsen. Referenzenergie $\alpha(N)$ und Systemgröße N sind so zu skalieren [11], dass $\alpha(N)/\sqrt[4]{N} \to 0$.

Wie verändert sich die Statistik der Energieniveaus, wenn wir zum Multiprozessor-Scheduling-Problem übergehen? Hier dürfen wir die Gewichte auf mehr als zwei, m, Teilmengen aufteilen. Dazu betrachten wir zunächst die „vektorielle Energie"

$$\mathcal{H}_{\text{MSPv}}(s) = \sum_{i=1}^{N} a_i \vec{s}_i \,. \tag{4.10}$$

Die Wahrscheinlichkeit, dass diese vektorielle Energie einer zufällig gewählten Partition im durch die Ecken $\vec{E}$ und $\vec{E} + \mathrm{d}\vec{E}$ definierten $(m-1)$-dimensionalen Hyperkubus liegt, beträgt

$$p_{\vec{E}}(\vec{E})\,\mathrm{d}^{m-1}E = \left\langle\!\!\left\langle \delta\left(\vec{E} - \mathcal{H}_{\text{MSPv}}(s)\right) \right\rangle\!\!\right\rangle \mathrm{d}^{m-1}E \,. \tag{4.11}$$

Im Limes großer Systeme ($N \to \infty$) finden wir [4, 7]

$$p_{\vec{E}}(\vec{x}) = \left(\frac{m-1}{2\pi\sigma^2 N}\right)^{\frac{m-1}{2}} e^{-\frac{(m-1)\vec{x}^2}{2\sigma^2 N}} \,. \tag{4.12}$$

Hierbei wurde ausgenutzt, dass der Mittelwert der Potts-Vektoren, die in die Hamilton-Funktion (4.10) eingehen, verschwindet und deren Standardabweichung gleich $1/(m-1)$ beträgt. Die Größe σ^2 bezeichnet das zweite Moment, aus dem die Gewichte a_i gezogen werden. Die Verteilung der Energie $\vec{E}$ hängt von der Systemgröße N ab, darum führen wir analog zum Zahlenaufteilungsproblem mit $m=2$ die skalierte Energie $\vec{E}' = \vec{E}/\sqrt{N\sigma^2/(m-1)}$ ein. Deren Verteilung konvergiert schwach gegen die von N unabhängige Verteilung

$$p_{\vec{E}'}(\vec{x}) = \frac{1}{(2\pi)^{\frac{m-1}{2}}} e^{-\frac{\vec{x}^2}{2}} . \tag{4.13}$$

Die eigentliche Energie des Multiprozessor-Scheduling-Problems ist der Betrag der vektoriellen Energie (4.10). Für die entsprechende skalierte Energie

$$E' = \frac{E}{\sqrt{N\sigma^2/(m-1)}} \tag{4.14}$$

folgt mit (4.13) und der Formel

$$O_d = \frac{2\pi^{d/2} r^{d-1}}{\Gamma(d/2)} \tag{4.15}$$

für die Oberfläche einer d-dimensionalen Kugel mit dem Radius r, dass die Verteilung von E' für $N \to \infty$ schwach gegen

$$p_{E'}(x) = \frac{2}{2^{\frac{m-1}{2}} \Gamma\left(\frac{m-1}{2}\right)} x^{m-2} e^{-\frac{x^2}{2}} \quad \text{für } x \geq 0 \tag{4.16}$$

konvergiert. Aber auch für relativ kleine Systemgrößen gibt (4.16) die Verteilung der skalierten Energie E' gut wieder, siehe Abb. 4.6.

Mit der asymptotischen Verteilung (4.16) und der Hypothese, dass die Energieniveaus des Multiprozessor-Scheduling-Problems sich statistisch wie die des Random-Energy-Modells verhalten, können wir nun die Verteilung der Energieniveaus oberhalb einer gewissen Referenzenergie angeben. Eine Instanz des Multiprozessor-Scheduling-Problems mit N Gewichten kann auf

$$M = \sum_{i=1}^{m} \left\{ {N \atop i} \right\} \approx \frac{m^N}{m!} \tag{4.17}$$

Arten auf m Teilmengen aufgeteilt werden. Die Größe $\left\{ {N \atop i} \right\}$ gibt an, auf wieviele Weisen eine N-elementige Menge in i nicht leere Teilmengen zerlegt werden kann,

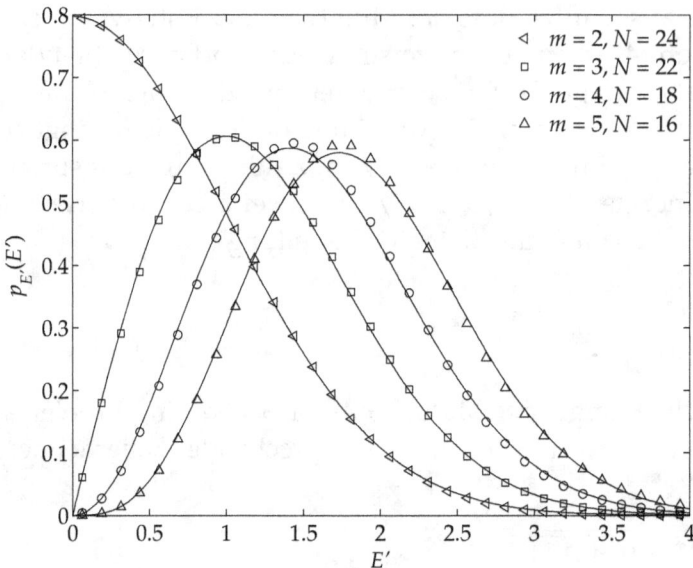

Abb. 4.6: Verteilung der reskalierten Energie E' des Zahlenaufteilungsproblems für verschiedene Anzahlen von Teilmengen mit im Intervall $(0, 1]$ gleichverteilten Gewichten. Die durchgezogenen Linien entsprechen der asymptotischen Verteilung (4.16), die Symbole geben die Ergebnisse der Numerik wieder. Es wurde über 100 Instanzen gemittelt.

sie wird auch Stirlingzahl zweiter Art genannt [26]. Wie im Fall zweier Teilmengen ordnen wir die M Energieniveaus E'_i ihrer Größe nach

$$E'_{1:M} \leq E'_{2:M} \leq \cdots \leq E'_{M:M},$$

wählen eine Referenzenergie α und ermitteln einen Index r, so dass

$$E'_{r:M} < \alpha \leq E'_{r+1:M}.$$

Existiert keine Partition mit der Energie $E'_i < \alpha$, da $\alpha \leq E'_{1:M}$, so sei $r = 0$. Als nächstes führen wir eine reskalierte Energie $\varepsilon_k(N)$ ein, deren Verteilung für $N \to \infty$ schwach gegen eine Grenzverteilung konvergiert.

Die Art der Skalierung und die Grenzverteilung hängen beim Multiprozessor-Scheduling-Problem von der Referenzenergie α ab [5]. Wir haben die beiden Fälle $\alpha = 0$ und $\alpha > 0$ zu unterscheiden. Denn für $m > 2$ verschwinden die ersten Glieder der Taylor-Reihe von $p_{E'}(x)$ um $x = 0$. Das erste nicht verschwindende Glied ist

4.2 Energiespektren verschiedener Modelle mit lokaler REM-Eigenschaft

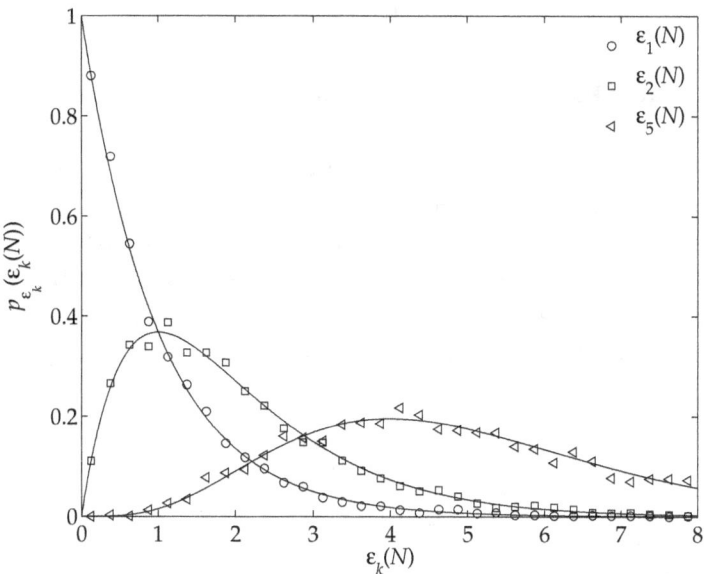

Abb. 4.7: Verteilung der reskalierten Energie $\varepsilon_k(N)$ des Multiprozessor-Scheduling-Problems mit $N = 24$ in $(0, 1]$ gleichverteilten Gewichten und drei Teilmengen. Als Referenzenergie wurde $\alpha = 1$ gewählt. Die durchgezogenen Linien entsprechen der asymptotischen Verteilung (4.3), die Symbole geben die Ergebnisse der Numerik wieder. Es wurde über 5 000 Instanzen gemittelt.

$(m-2)$-ter Ordnung.

$$p_{E'}(x) = \frac{2}{2^{\frac{m-1}{2}} \Gamma\left(\frac{m-1}{2}\right)} x^{m-2} + \mathcal{O}\left(x^{m-1}\right) \qquad \text{für } x \gtrless 0 \tag{4.18}$$

Entwickeln wir die Wahrscheinlichkeitsverteilung (4.16) um $\alpha > 0$, so beginnt die Taylor-Reihe mit den nullten Glied $p_{E'}(\alpha)$.

Betrachten wir zunächst die Verteilung der Energien des Multiprozessor-Scheduling-Problems überhalb einer Referenzenergie $\alpha > 0$. Hier sind $p_{E'}(\alpha) > 0$ und die Bedingungen der These 1 erfüllt. Falls das Multiprozessor-Scheduling-Problem die lokale REM-Eigenschaft aufweist, konvergiert nach These 1 die Verteilung der skalierten Energie

$$\varepsilon_k(N) = M \cdot p_{E'}(\alpha) \cdot (E'_{r+k:M} - \alpha) \tag{4.19}$$

$$\varepsilon_k = \lim_{N \to \infty} \varepsilon_k(N) \tag{4.20}$$

für $N \to \infty$ schwach gegen (4.3). Auch dies lässt sich leicht numerisch überprüfen. Wie in Abb. 4.7 dargestellt, finden wir schon in relativ kleinen Systemen die asymptotische Verteilung (4.3). Nennenswerte Finite-Size-Effekte treten im Regime $\alpha > 0$ nicht auf.

Sei nun $\alpha = 0$. Da die Verteilung $p_{E'}(x)$ bei $x = 0$ verschwindet, wird die Statistik der Grundzustände des Multiprozessor-Scheduling-Problems eigentlich von der These 1 nicht mehr erfasst. Nehmen wir aber an, dass die $M \approx m^N/m!$ Energieniveaus des Multiprozessor-Scheduling-Problems statistisch unabhängige Zufallsvariablen sind, so folgt mit den Ergebnissen aus Abschnitt 2.3.1 und mit einer zu Abschnitt 2.3.3 analogen Argumentation, dass die Verteilung der reskalierten Energie

$$\varepsilon_k(N) = \left(\frac{M}{m-1} \cdot \frac{2}{2^{\frac{m-1}{2}} \Gamma\left(\frac{m-1}{2}\right)} \right)^{m-1} E'_{r+k:M} \tag{4.21}$$

$$\varepsilon_k = \lim_{N \to \infty} \varepsilon_k(N) \tag{4.22}$$

schwach gegen die Grenzverteilung

$$p_{\varepsilon_k}(x) = \frac{(m-1)e^{-x^{m-1}} x^{(m-1)k-1}}{\Gamma(k)} \tag{4.23}$$

konvergiert.

Diese Verteilung finden wir zumindest näherungsweise auch in numerischen Simulationen, siehe Abb. 4.8. Zwar zeigt die Abbildung systematische Abweichungen von der asymptotischen Verteilung (4.23), jedoch nehmen diese mit steigender Systemgröße ab. Bei den Abweichungen handelt es sich um Finite-Size-Effekte, die für größere Systeme verschwinden sollten. Leider sind wegen des exponentiell in N wachsenden Rechenaufwands größere Systeme für numerische Simulationen nicht zugänglich.

Zusammenfassend lässt sich festellen: Wir können die Verteilung der Energieniveaus des Multiprozessor-Scheduling-Problems überhalb einer gewählten Referenzenergie vollständig charakterisieren, indem wir annehmen, dass diese Niveaus wie beim Random-Energy-Modell unabhängige Zufallsvariablen sind. Numerische Simulationen liefern Verteilungen, die in guter Übereinstimmung mit der mit dieser Annahme gewonnenen Verteilungen stehen. Die in diesem Abschnitt dargestellten Ergebnisse wurden erstmals in [5] publiziert. Darauf folgend haben Anton Bovier und Irina Kurkova in [13] bewiesen, dass das Multiprozessor-Scheduling-Problem in der Tat asymptotisch die Statistik eines (mehrdimensionalen) Poisson-Prozesses aufweist.

4.2 Energiespektren verschiedener Modelle mit lokaler REM-Eigenschaft

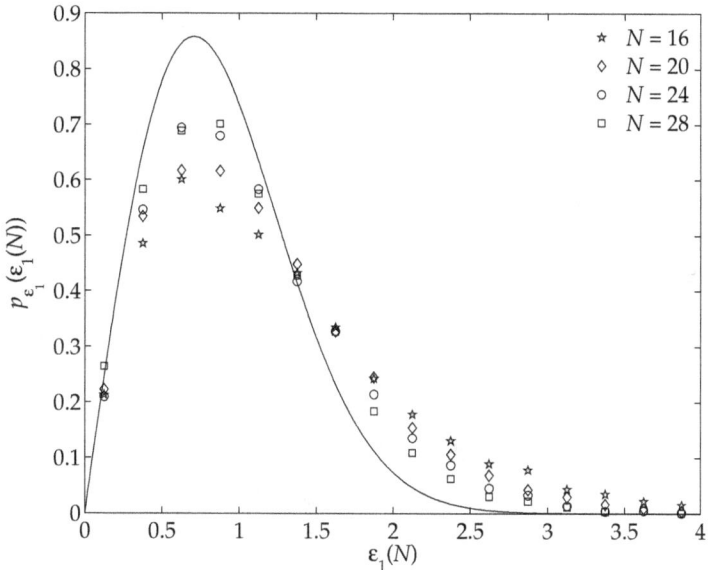

Abb. 4.8: Verteilung der reskalierten Energie $\varepsilon_1(N)$ des Multiprozessor-Scheduling-Problems bei der Referenzenergie $\alpha = 0$ mit drei Teilmengen und in $(0,1]$ gleichverteilten Gewichten. Die durchgezogenen Linien entsprechen der asymptotischen Verteilung (4.23), die Symbole geben die Ergebnisse der Numerik wieder. Es wurde jeweils über 5000 Instanzen gemittelt.

4.2.2 Spingläser

Wir betrachten nun Spinglasmodelle wie das Edwards-Anderson-Modell, das Sherrington-Kirkpatrick-Modell oder das p-Spin-Modell. Es sei ein System des Edwards-Anderson-Modells mit N auf einem quadratischen ($d = 2$) bzw. kubischen ($d = 3$) Gitter mit periodischen Randbedingungen angeordneten Spins gegeben. Ferner setzen wir voraus, dass die Kopplungskonstanten aus einer Verteilung mit dem zweiten Moment σ^2 gezogen werden. Dann geht die Verteilung der skalierten Energie

$$E' = \frac{E}{\sqrt{Nd\sigma^2}} \tag{4.24}$$

gegen eine Normalverteilung mit Varianz eins und Mittelwert null.

$$p_{E'}(x) = \frac{1}{\sqrt{2\pi}} e^{-\frac{x^2}{2}} \tag{4.25}$$

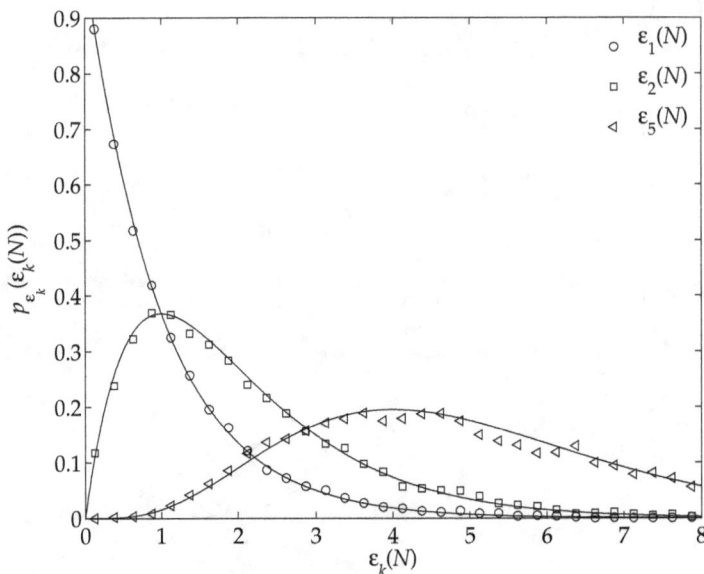

Abb. 4.9: Verteilung der reskalierten Energie $\varepsilon_k(N)$ des Edwards-Anderson-Modells auf einem quadratischen Gitter mit $N = 5 \cdot 4$ Spins bei einer Referenzenergie von $\alpha = -1{,}5$. Kopplungskonstanten waren normalverteilt mit Mittelwert null. Die durchgezogenen Linien entsprechen der asymptotischen Verteilung (4.3). Es wurde über 10 000 Instanzen gemittelt.

Ein System aus N Spins besitzt insgesamt 2^N Konfigurationen, enthält aber wegen der Spinflip-Symmetrie nur maximal $M = 2^{N-1}$ verschiedene Energieniveaus.

Die lokale REM-Hypothese besagt, dass sich das Edwards-Anderson-Modell in der Nähe jeder festen Referenzenergie α wie das Random-Energy-Modell verhält. Dies können wir wieder numerisch testen, indem wir die Verteilung der kleinsten, zweitkleinsten usw. Energie über der Referenzenergie ermitteln. Abbildung 4.9 zeigt dies exemplarisch für eine Systemgröße und eine Referenzenergie. Die numerisch ermittelten Verteilungen stimmen wieder sehr gut mit den Verteilungen (4.3) der These 1 überein.

Auch im Falle des p-Spin-Modells wird die lokale REM-Hypothese von der Numerik gestützt. Die Kopplungskonstanten sollen aus einer Verteilung mit dem festen zweiten Moment σ^2 gezogen werden. In die Energiefunktion gehen insgesamt $\binom{N}{p}$ Kopplungsterme ein. Die Verteilung der skalierten Energie

$$E' = \frac{E}{\sqrt{\binom{N}{p}\sigma^2}} \tag{4.26}$$

4.2 Energiespektren verschiedener Modelle mit lokaler REM-Eigenschaft

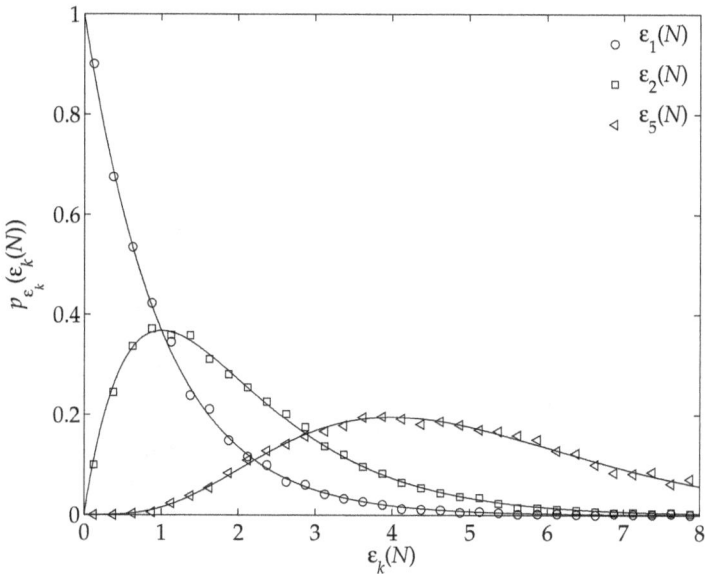

Abb. 4.10: Verteilung der reskalierten Energie $\varepsilon_k(N)$ des p-Spin-Modells mit $N = 24$ Spins und Vierspinwechselwirkungen bei einer Referenzenergie von $\alpha = -1{,}5$. Kopplungskonstanten waren normalverteilt mit Mittelwert null. Die durchgezogene Linie entspricht der asymptotischen Verteilung (4.3). Es wurde über 10 000 Instanzen gemittelt.

geht darum gegen eine Normalverteilung mit Varianz eins und Mittelwert null.

Wie beim Edwards-Anderson-Modell kann sich ein System des p-Spin-Modells mit N Spins in einem von 2^N Zuständen befinden. Allerdings hängen die Symmetrieeigenschaften p-Spin-Modells von der Zahl jeweils wechselwirkender Spins p ab. Ist p gerade, so existieren wegen der globalen Spinflip-Symmetrie nur maximal $M = 2^{N-1}$ verschiedene Energieniveaus. Für p ungerade fehlt diese Symmetrie und $M = 2^N$. Abbildung 4.10 zeigt die Verteilung der kleinsten, zweitkleinsten usw. Energie des p-Spin-Modells mit $p = 4$ über einer Referenzenergie exemplarisch für eine Systemgröße und eine Referenzenergie. Es wurden auch Modelle mit anderen p, anderer Größe und anderer Referenzenergie untersucht. Die entsprechenden Verteilungen sahen jedesmal qualitativ wie in Abb. 4.10 aus.

In dieser Arbeit wird die lokale REM-Hypothese nur numerisch gestützt. Eine andere Arbeit [14] von Bovier und Kurkova gibt jedoch einen mathematischen Beweis dafür, dass sich das Edwards-Anderson- und das p-Spin-Modell lokal tatsächlich wie das Random-Energy-Modell verhalten. Das Paper zeigt darüberhinaus, dass die lokale REM-Eigenschaft in diesen Modellen vorliegt, falls der Bereich der Referenz-

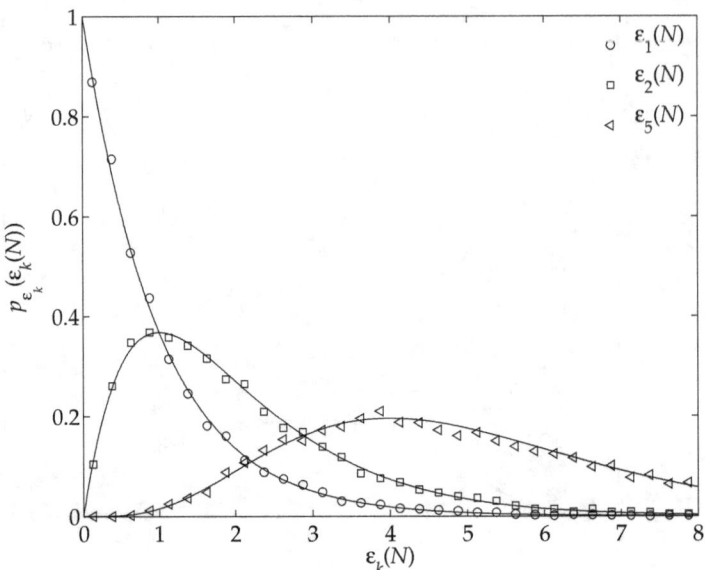

Abb. 4.11: Verteilung der reskalierten Energie $\varepsilon_k(N)$ gerichteter Wege in Zufallsmedien der Länge $N = 28$ bei einer Referenzenergie von $\alpha = 0$. Kopplungskonstanten (Kantengewichte) waren normalverteilt mit Mittelwert null. Die durchgezogenen Linien entsprechen der asymptotischen Verteilung (4.3). Es wurde über 10 000 Instanzen gemittelt.

energien α nicht schneller als $\sqrt{N}$ (bzw. $\sqrt[4]{N}$ im Falle des p-Spin-Modells mit $p = 1$) wächst.

4.2.3 Gerichtete Wege in Zufallsmedien

Gerichtete Wege in Zufallsmedien sind ein weiteres Modell, das in der Umgebung einer Referenzenergie dem Random-Energy-Modell gleicht. Jede Kante im Zufallsmedium trage eine zufällige Energie, die aus einer Normalverteilung mit Mittelwert null und Varianz σ^2 gezogen wurde. Ein Pfad im Zufallsmedium in $(1+1)$ Dimensionen sei N Schritte lang. In diesem Fall ist die skalierte Energie

$$E' = \frac{E}{\sqrt{N\sigma^2}} \tag{4.27}$$

für große Systeme eine normalverteilte Zufallsvariable mit Mittelwert null und Varianz eins. Da sich ein Wanderer im Zufallsmedium bei jedem Schritt zwischen zwei Richtungen entscheiden kann, gibt es insgesamt $M = 2^N$ verschiedene Pfade bzw.

Energieniveaus. Damit haben wir auch schon alle Zutaten, um mit Hilfe der These 1 die Verteilung der Energieniveaus in der Nähe einer festen Referenzenergie α zu beschreiben. Abbildung 4.11 zeigt, dass die Verteilung der kleinsten, zweitkleinsten usw. Energie über der Referenzenergie auch bei gerichteten Wegen in Zufallsmedien der lokalen REM-Eigenschaft entspricht.

4.2.4 Cluster-Minimierung

Allen bis hierher betrachteten Modellen ist gemein, dass ihre Kopplungskonstanten statistisch unabhängige Zufallsvariablen waren. Beim Cluster-Minimierungs-Problem können die $N'(N'-1)/2$ Kopplungskonstanten nicht mehr unabhängig voneinander gewählt werden, da sie eine Funktion des Abstands zwischen jeweils zwei von N' Raumpunkten sind.

$$U_{\{i,j\}} = U(|\vec{r}_i - \vec{r}_j|) \tag{4.28}$$

Die Raumpunkte sind zwar zufällig und statistisch unabhängig, die Geometrie des Problems induziert jedoch Korrelationen zwischen den Kopplungskonstanten. Trotz dieser Korrelationen kann ein Modell lokale REM-Eigenschaften aufweisen, was wir an einem konkreten Cluster-Minimierungs-Problem illustrieren wollen.

Gegeben seien N' zufällige Punkte $\vec{r}_i$ auf der Oberfläche einer Einheitskugel. Das Potential zwischen zwei Punkten $\vec{r}_i$ und $\vec{r}_j$ sei gleich dem Quadrat des Euklid'schen Abstands zwischen diesen Punkten.

$$U_{\{i,j\}} = |\vec{r}_i - \vec{r}_j|^2 \tag{4.29}$$

(Man denke sich zwischen den Punkten gespannte Federn, die zu einem im Abstand quadratischen Potential führen.) Auf diesen Punkten kann sich jeweils maximal eines von $N < N'$ Atomen aufhalten. Die Energie eines Clusters beträgt

$$\mathcal{H}_{\mathrm{CM}}(s) = \sum_{i=1}^{N'-1} \sum_{j=i+1}^{N'} U_{\{i,j\}} s_i s_j . \tag{4.30}$$

Die dynamische Variable s_i codiert, ob der Punkt $\vec{r}_i$ von einem Atom besetzt ist.

$$s_i = \begin{cases} 1 & \vec{r}_i \text{ von einem Atom besetzt} \\ 0 & \text{sonst} \end{cases} \tag{4.31}$$

Greifen wir zwei zufällige Punkte auf der Kugeloberfläche heraus, so liegt ihr Potential irgendwo zwischen null und vier. Das Potential zwischen den beiden

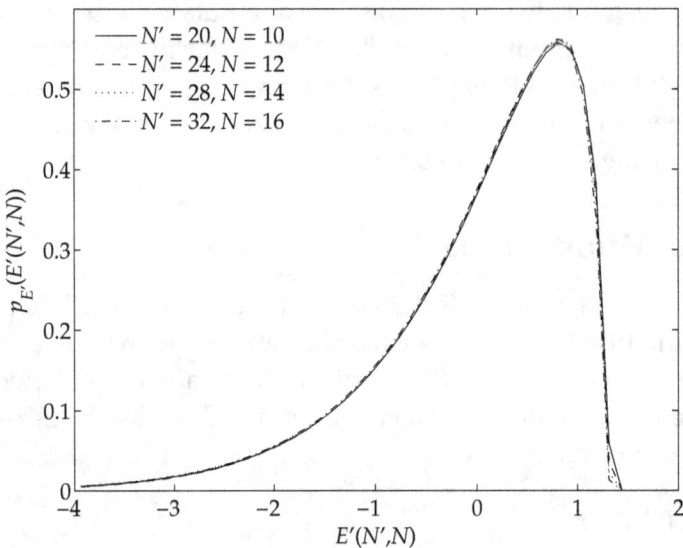

Abb. 4.12: Die skalierte Verteilung der Energie E' der im Text beschriebenen Variante des Cluster-Minimierungs-Problems strebt für $N, N' \to \infty$ gegen eine Grenzverteilung. Es wurde über 1 000 Instanzen gemittelt. Die Form der Grenzverteilung hängt vom Verhältnis N/N' ab.

zufälligen Punkten ist in diesem Intervall gleichverteilt.

$$p_U(x) = \begin{cases} 1/4 & \text{falls } x \in [0,4] \\ 0 & \text{sonst} \end{cases} \tag{4.32}$$

Der Mittelwert dieser Verteilung beträgt $\mu = 2$ und ihre Varianz $\sigma^2 = 4/3$. Skalieren wir die Energie $E = \mathcal{H}_{\text{CM}}(s)$ zu

$$E'(N, N') = \frac{E - \mu\binom{N}{2}}{\sqrt{\binom{N}{2}\sigma^2}} \tag{4.33}$$

$$E' = \lim_{N,N' \to \infty} E'(N, N') \tag{4.34}$$

um, so erhalten wir eine neue Energieskala, deren Verteilung $p_{E'}(x)$ für $N, N' \to \infty$ und $N/N' = \text{const.}$ gegen eine Grenzverteilung strebt, siehe Abb. 4.12. Wären die einzelnen Beiträge $|\vec{r}_i - \vec{r}_j|^2$ zur Energiefunktion statistisch unabhängig, so hätte $p_{E'}(x)$ die Form einer Normalverteilung. Die Verteilung in Abb. 4.12 ist jedoch

4.2 Energiespektren verschiedener Modelle mit lokaler REM-Eigenschaft

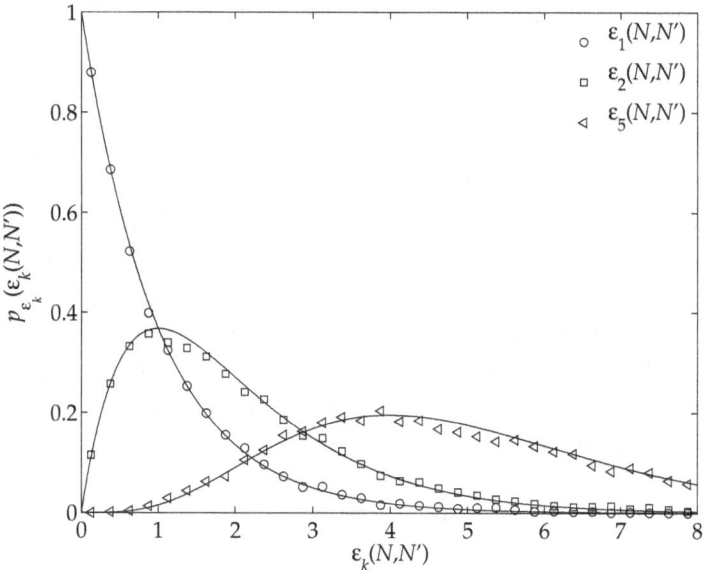

Abb. 4.13: Verteilung der reskalierten Energie $\varepsilon_k(N)$ der im Text beschriebenen Variante des Cluster-Minimierungs-Problems mit $N' = 32$ und $N = 16$ bei einer Referenzenergie von $\alpha = 0$. Die durchgezogenen Linien entsprechen der asymptotischen Verteilung (4.3). Es wurde über 10 000 Instanzen gemittelt.

wegen der geometrischen Korrelationen zwischen den $U_{\{i,j\}}$ stark asymmetrisch und geht bei $E' \approx 1{,}5$ schnell gegen null.

Bezüglich der neuen Energieskala E' können wir nun wieder eine Referenzenergie α definieren und die Verteilung der kleinsten, zweitkleinsten usw. Energie über der Referenzenergie numerisch ermitteln und diese Verteilung mit der entsprechenden Aussage der lokalen REM-Eigenschaft in These 1 vergleichen. Dabei ist zu berücksichtigen, dass ein Cluster aus N Atomen, die auf N' mögliche Plätze angeordnet werden können, maximal $M = \binom{N'}{N}$ Energiezustände hat. Abbildung 4.13 stellt numerisch ermittelte und aus der lokalen REM-Eigenschaft abgeleitete Verteilung von ε_k (4.3) exemplarisch für eine Systemgröße und eine Referenzenergie gegenüber. Die numerisch ermittelten Verteilungen stimmen wieder sehr gut mit den aus der lokalen REM-Hypothese abgeleiteten Verteilungen überein. Die lokale REM-Eigenschaft wird durch aus der Geometrie des Problems induzierten Korrelationen nicht beeinträchtigt.

4.2.5 Weitere Modelle

Die bis hier vorgestellten Modelle stehen nur stellvertretend für eine ganze Klasse von Modellen, deren Energiespektrum lokal dem eines Random-Energy-Modells gleicht. Insbesondere zeigen zahlreiche kombinatorische Optimierungsprobleme mit reellwertiger Kostenfunktion diese Eigenschaft, sobald man deren Kostenspektrum in der Nähe typischer Kosten betrachtet. So wurde im Rahmen dieser Arbeit z. B. das Problem des Handelsreisen und das Problem der minimalen Spannbäume untersucht. Auch für diese Modelle zeigte sich, dass sich ihr Kostenspektrum in der Nähe einer fixen Referenz wie das des Random-Energy-Modell verhält. Auf eine detaillierte Darstellung der Ergebnisse bezüglich dieser Probleme soll an dieser Stelle jedoch verzichtet werden, da die Resultate sehr denen für die schon vorgestellten Probleme gleichen und sich aus ihnen keine qualitativ neuen Schlussfolgerungen ableiten lassen. Jedoch bekräftigen diese Ergebnisse die These, dass die lokale REM-Eigenschaft ein wirklich universelles Merkmal ist.

4.3 Schlussbemerkungen

Die Vermutung, dass sehr viele Modelle die lokale REM-Eigenschaft aufweisen, wurde erstmals von Mertens und Bauke in [6] formuliert. Für einige Modelle ist zwar bereits bewiesen, dass sie sich lokal auf der Energieachse wie das Random-Energy-Modell verhalten [10, 15]. Trotzdem wurde die lokale REM-Eigenschaft angezweifelt [53]. Dabei beruht diese Kritik im Wesentlichen auf einem Missverständnis. Die lokale REM-Eigenschaft charakterisiert energetisch nahe benachbarte Konfigurationen als dem Random-Energy-Modell ähnlich. Dies schließt Korrelationen auf großen Energieskalen keinesfalls aus. So kann ein Modell aufgrund von Symmetrien globale Korrelationen im Energiespektrum aufweisen. Im p-Spin-Modell mit ungeradem p existiert zu jedem Energieniveau ein zweites Niveau gleichen Betrags aber entgegengesetzten Vorzeichens. Zwischen den beiden Niveaus liegen exponentiell viele Niveaus, so dass diese Korrelation keinen Einfluss auf die lokale REM-Eigenschaft hat. Desweiteren können Korrelationen auf großen Energieskalen auch ohne damit verbundene Symmetrien auftreten.

In Abschnitt 2.3.3 haben wir für das Random-Energy-Modell die Verteilung der kleinsten, zweitkleinsten usw. Energie oberhalb der Referenzenergie α hergeleitet, und die Verteilung (4.3) aus These 1 gefunden. Dabei wurde davon ausgegangen, dass alle Energien im Intervall $[\alpha, \infty)$ statistisch unabhängige Zufallsvariablen sind. Man kommt allerdings zu dem gleichen Ergebnis, wenn lediglich die Energien im Intervall $[\alpha, \beta)$ statistisch unabhängig sind. Darum ist eine globale statistische Unabhängigkeit der Energieniveaus für ein Modell mit lokaler REM-Eigenschaft nicht notwendig.

4.3 Schlussbemerkungen

Modelle mit lokaler REM-Eigenschaft zeigen diese nicht zwingend auf der ganzen Energieachse. In Abschnitt 4.2.2 wurde gezeigt, dass z. B. das Edwards-Anderson-Modell die lokale REM-Eigenschaft aufweist. Dies gilt aber nur für typische Energien, sicher nicht für die Grundzustände. Die Grundzustände des Edwards-Anderson-Modells liegen im (näherungsweisen) Schwanz einer Normalverteilung, wo die Zustände nicht mehr dicht liegen. Die These 1 setzt aber eine positive Zustandsdichte an der gewählten Referenzenergie voraus.

Kapitel 5

Lokale REM-Eigenschaften des Konfigurationsraums

Das Random-Energy-Modell ist einzig über die Eigenschaften seines Energiespektrums definiert. Das Konzept der dynamischen Variablen z. B. in Form von Spins ist zu seiner Einführung nicht zwingend notwendig. Wie in Abschnitt 2.4 gezeigt, kann man das Random-Energy-Modell jedoch nachträglich mit Spins ausstatten. In diesem erweiterten Modell beschränkt sich die Funktion der Spinkonfigurationen darauf, die zufälligen Energieniveaus durchzunummerieren. Konfigurationsraum und Energiespektrum sind in keiner Weise korreliert. In diesem Kapitel wird untersucht, wie sich dieses Merkmal des Random-Energy-Modells auf Modelle mit lokaler REM-Eigenschaft überträgt.

5.1 These zum Konfigurationsraum

Die zweite zentrale These dieser Arbeit widmet sich dem Konfigurationsraum von Modellen mit lokaler REM-Eigenschaft.

These 2 (Lokale REM-Eigenschaft des Konfigurationsraums) Gegeben sei ein Modell, das die Eigenschaften 1 bis 3 auf Seite 17 erfüllt. So besitzt das Modell für eine Realisierung der Kopplungskonstanten M verschiedene Energieniveaus

$$E'_{1:M} \leq E'_{2:M} \leq \ldots \leq E'_{M:M}$$

mit den dazu gehörenden Konfigurationen $y_1, y_2, \ldots, y_M$ der dynamischen Variablen. Konfigurationen von Energieniveaus, die in der Umgebung einer Referenzenergie α mit $p_{E'}(\alpha) > 0$ liegen, verhalten sich im Limes $n \to \infty$ bezüglich ihrer statistischen Eigenschaften wie zufällig gewählte Konfigurationen.

Genauer: Die Referenzenergie α bestimmt einen Index r, so dass

$$E'_{r:M} < \alpha \leq E'_{r+1:M}.$$

Existiert keine Partition mit der Energie $E'_i < \alpha$, da $\alpha \leq E'_{1:M}$, so sei $r = 0$. Die Verteilung $p_d(x)$ des Abstands

$$d = f(y_{r+1}, y_{r+2})$$

konvergiert im Limes $n \to \infty$ gegen die Verteilung $p_{d_{\text{REM}}}(x)$ von

$$d_{\text{REM}} = f(y_a, y_b).$$

Wobei die Konfigurationen y_a und y_b zufällig aus dem Ensemble zulässiger Konfigurationen gewählt werden.

These 2 spezifiziert die Abstandsnorm $f(\cdot, \cdot)$ nicht weiter und dürfte für eine sehr große Klasse von Normen gelten. Wir werden uns in dieser Arbeit jedoch auf Normen beschränken, die aus dem jeweils betrachten Modell motiviert sind. These 2 setzt implizit voraus, dass die Norm $f(\cdot, \cdot)$ so gewählt wurde, dass ein Limes der Verteilung $p_{d_{\text{REM}}}(x)$ für große Systeme auch tatsächlich existiert.

5.2 Konfigurationen verschiedener Modelle mit lokaler REM-Eigenschaft

5.2.1 Das Zahlenaufteilungsproblem

Nach Abschnitt 3.2.1 lässt sich jede Partition des Zahlenaufteilungsproblems durch N Ising-Spins kodieren. Jede der 2^N möglichen Partition kann einer Ecke eines N-dimensionalen Hyperkubus zugeordnet werden. Der Überlapp

$$q = \frac{1}{N} \left| \sum_{i=1}^{N} s_{a,i} \cdot s_{b,i} \right| \tag{5.1}$$

ist ein Maß dafür, wie weit zwei Konfigurationen s_a und s_b auf diesem Hyperkubus entfernt sind. Konfigurationen mit einem Überlapp nahe eins sind sich sehr ähnlich. Der Überlapp von Konfigurationen, deren Spins etwa zur Hälfte gleich orientiert sind, geht gegen null. Die Größe $1 - q$ ist eine Norm auf dem Raum der Spin-Konfigurationen.

5.2 Konfigurationen verschiedener Modelle mit lokaler REM-Eigenschaft

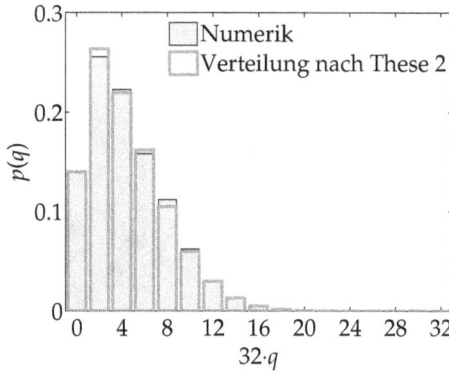
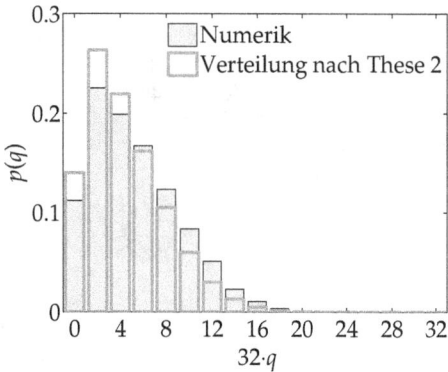

Abb. 5.1: Verteilung des Überlapps q zwischen zwei energetisch benachbarten Konfigurationen nahe der Referenzenergie α mit $\alpha = 0{,}75$ (links) und $\alpha = 2$ (rechts) und $N = 32$. Es wurde über jeweils 10 000 Instanzen gemittelt. Die theoretische Verteilung ist durch (2.31) gegeben.

Wählen wir zufällig zwei beliebige Konfigurationen s_a und s_b, so ist deren Überlapp q selbst eine Zufallsgröße mit der Verteilung (2.31). Nach der These 2 ist darüberhinaus auch der Überlapp zwischen zwei auf der Energieachse benachbarten Konfigurationen s_a und s_b eine Zufallsgröße, deren Verteilung gleichfalls durch (2.31) gegeben ist. Diese Vorhersage steht in guter Übereinstimmung mit den Resultaten numerischer Simulationen. In Abb. 5.1 werden Verteilung (2.31) und die numerisch ermittelte Verteilung des Überlapps für Instanzen des Zahlenaufteilungsproblems mit $N = 32$ Gewichten verglichen. Während bei der Referenzenergie $\alpha = 0{,}75$ beide Verteilungen in sehr guter Übereinstimmung stehen, finden wir bei $\alpha = 2$ systematische Abweichungen. Bei einer endlichen Systemgröße von $N = 32$ liegt bei $\alpha = 2$ keine lokale REM-Eigenschaft mehr vor.

Partitionen mit großer Energie können nur konstruiert werden, indem der einen Teilmenge mehr Gewichte zugewiesen werden als der anderen. Dies schlägt sich in einer von null verschiedenen Magnetisierung

$$m = \frac{1}{N} \left| \sum_{i=1}^{N} s_i \right| \tag{5.2}$$

nieder. Abbildung 5.2 zeigt die mittlere Magnetisierung der Konfiguration mit der kleinsten Energie oberhalb der Referenzenergie α. Für ein echtes Random-Energie-Modell besteht kein statistischer Zusammenhang zwischen Konfigurationen und Referenzenergie α. Die mittlere Magnetisierung wäre für alle α etwa $\sqrt{2/(\pi N)}$. In dieser Hinsicht verhält sich das Zahlenaufteilungsproblem *nicht* wie das Random-Energy-Modell. Nach Abb. 5.2 steigt die Magnetisierung allerdings monoton mit

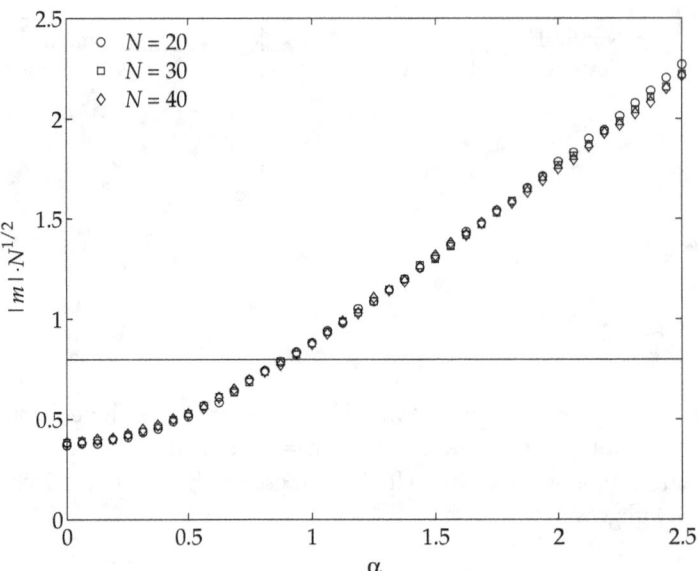

Abb. 5.2: Mittelwert der Magnetisierung als Funktion der Referenzenergie α. Die durchgezogene Linie bei $|m|\sqrt{N} = \sqrt{2/\pi}$ entspricht dem Mittelwert der Verteilung (2.31) für die große Systeme und somit der Magnetisierung zufällig gewählter Konfigurationen.

der Referenzenergie α.

Eine deutlich von null verschiedene Magnetisierung für große α bedeutet, dass hohe Energien von einem relativ kleinen Teil des Konfigurationsraums bevölkert werden. Woraus eine gewisse Ähnlichkeit der Partitionen großer Energie bzw. ein größerer Überlapp zwischen ihnen resultiert. Hierbei handelt es sich allerdings um einen Effekt der endlichen Systemgröße. Numerische Untersuchungen ergaben, dass für eine feste Referenzenergie mit wachsender Systemgröße die Verteilung des Überlapps zwischen zwei energetisch benachbarten Konfigurationen nahe dieser Referenzenergie immer besser mit (2.31) übereinstimmt. In Abb. 5.3 sehen wir den Mittelwert des Überlapps zwischen zwei energetisch benachbarten Konfigurationen als Funktion der Referenzenergie α verglichen mit dem Mittelwert der Verteilung (2.31). Für große Systeme stimmen diese beiden Werte in einem weiteren Bereich von Referenzenergien überein als für kleine Systeme.

Eine heuristische Überlegung soll dies untermauern. Der Abstand benachbarter Energieniveaus beträgt typischerweise $\mathcal{O}(2^{-N})$. Greifen wir jedoch zwei Partitionen

5.2 Konfigurationen verschiedener Modelle mit lokaler REM-Eigenschaft

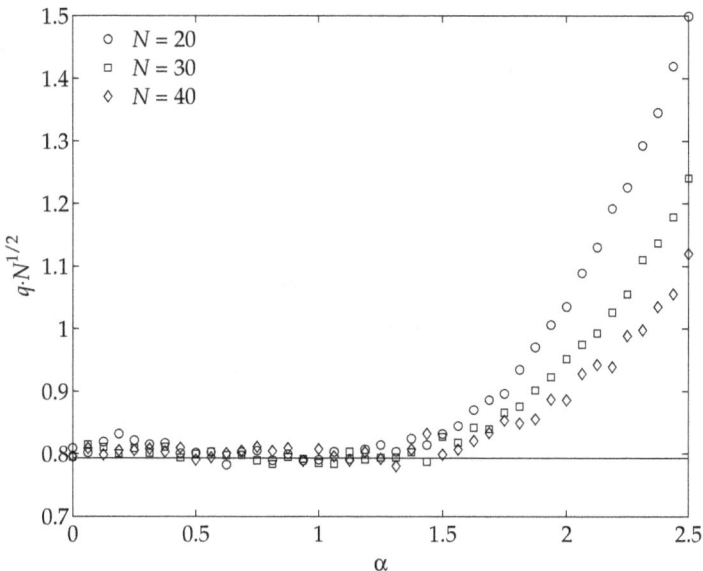

Abb. 5.3: Mittelwert des Überlapps zwischen zwei energetisch benachbarten Konfigurationen als Funktion der Referenzenergie α. Die durchgezogene Linie bei $q\sqrt{N} = \sqrt{2/\pi}$ entspricht dem Mittelwert der Verteilung (2.31) für die große Systeme und somit dem Überlapp zufällig gewählter Konfigurationen.

$s_a = (s_{a,1}, s_{a,2}, \ldots, s_{a,N})$ mit der Energie $E'_{k:M}$ und
$s_b = (s_{a,1}, s_{a,2}, \ldots, -s_{a,i}, \ldots, s_{a,N})$ mit der Energie $E'_{l:M}$

heraus, die nicht auf der Energieachse sondern im Konfigurationsraum benachbart sind, so beträgt deren energetischer Abstand $\mathcal{O}(N^{-1/2})$. Um vom Niveau $E'_{l:M}$ wieder zurück in die Nähe von $E'_{k:M}$ zu gelangen, sind zahlreiche Spininvertierungen $s_i \to -s_i$ notwendig. Nimmt man an, dass, um vom $E'_{l:M}$ nach $E'_{k+1:M}$ zu gelangen, jedes Gewicht mit der Wahrscheinlichkeit 1/2 in die andere Teilmenge gelegt werden muss, so folgt daraus für den Überlapp zwischen den Konfigurationen mit den Energien $E'_{k:M}$ nach $E'_{k+1:M}$ die Verteilung (2.31).

Ein weiteres Experiment, im dem sich die lokale REM-Eigenschaft des Zahlenaufteilungsproblems zeigt, besteht darin, die minimale Energie

$$E'_{f,1:M_f} = \min_{s_b} \left(E'(s_a) \Big| \frac{1}{N} \left| \sum_{i=1}^{N} s_{a,i} \cdot s_{b,i} \right| = q \right) \tag{5.3}$$

zu bestimmen, die unter allen Partitionen gefunden werden kann, die mit einer gegebenen Referenzpartition einen festen Überlapp q haben. Da ein Überlapp q

5 Lokale REM-Eigenschaften des Konfigurationsraums

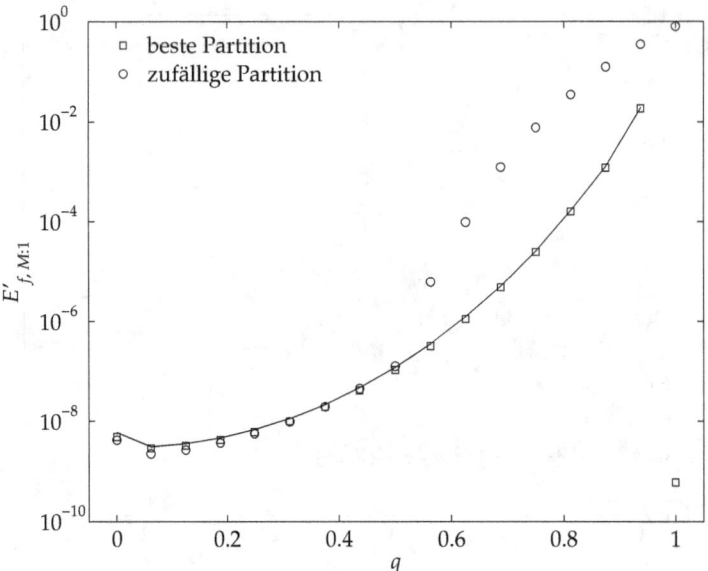

Abb. 5.4: Mittlere Energie $E'_{f,1:M_f}$ der Partition mit der kleinsten Energie unter allen Partitionen, die mit einer Referenzpartition einen festen Überlapp q haben. Es wurde über 10 000 Instanzen gemittelt, $N = 32$. Die durchgezogene Linie bezieht sich auf (5.12).

genau $f = N(1-q)/2$ (bzw. $f = N - N(1-q)/2$) Spininvertierungen entspricht, wurde in $E'_{f,1:M_f}$ der Index f eingeführt. Abbildung 5.4 zeigt das Ergebnis des beschriebenen numerischen Experimentes, einmal mit der Partition kleinster Energie und einmal mit einer zufälligen Partition als Referenz.

Versuchen wir, die mittlere Größe der Energie $E'_{f,1:M_f}$ für die Partition kleinster Energie als Referenz abzuschätzen. Bei einer einzelnen Invertierung des Spins s_k ändert sich die (vorzeichenbehaftete) Energie

$$E_{\text{sig}} = \sum_{i=1}^{N} s_i a_i, \qquad (5.4)$$

um den Betrag $2a_k$. Verglichen mit der Energie der Grundzustandspartition ist dies eine sehr große Energie. Ist die Grundzustandspartition gegeben und wählen wir zufällig ein Gewicht aus, um es von einer Teilmenge in die andere zu legen, so ist die neue Energie eine auf dem Intervall $[-2, 2]$ gleichverteilte Zufallsvariable mit der Verteilung $p_1(x/2)/2$ (Wir setzen in $(0, 1]$ gleichverteilte Gewichte a_i voraus.),

5.2 Konfigurationen verschiedener Modelle mit lokaler REM-Eigenschaft

wobei

$$p_1(x) = \begin{cases} 1/2 & \text{falls } -1 \leq x \leq 1 \\ 0 & \text{sonst} \end{cases} \quad (5.5)$$

definiert ist. Für einen Übergang vor der Grundzustandspartition zu einer anderen Partition, die mit dem Grundzustand den Überlapp q hat, sind

$$f = N(1-q)/2 \quad (5.6)$$

Spininvertierungen notwendig. Nehmen wir an, dass sich bei jeder Spin-Invertierung die Energie E_{sig} unabhängig von den anderen Spininvertierungen um einen im Intervall $[-2, 2]$ gleichverteilten Zufallswert ändert, so ist nach f Spininvertierungen der Wert der Energie E_{sig} eine Zufallsvariable mit der Verteilung $p_f(x/2)/2$. Die Verteilung $p_f(x)$ erhalten wir aus $p_1(x)$ durch mehrfache Faltung, siehe auch Abb. 5.5.

$$p_f(x) = \int_{-1}^{1} p_1(t) \cdot p_{f-1}(x-t) \, dt \quad (5.7)$$

Für große f lässt sich $p_f(x)$ gut durch eine Normalverteilung approximieren.

$$p_f(x) \approx \frac{1}{\sqrt{2\pi f/3}} e^{-\frac{x^2}{2f/3}} \quad (5.8)$$

Die Energie des Zahlenaufteilungsproblems ist gleich dem Betrag von E_{sig}, dessen Verteilung durch $p_f(x/2)$ gegeben ist. Nimmt man weiterhin an, dass die minimale Energie aller Partitionen, die mit dem Grundzustand einen festen Überlapp haben, die kleinste von M_f aus $p_f(x/2)$ gezogenen unabhängigen Zufallszahlen ist, so folgt mit (2.14) die Verteilung

$$p_{E_{f,1:M_f}}(x) = M_f \cdot p_f(0) \cdot e^{-M_f \cdot p_f(0) \cdot x}. \quad (5.9)$$

Die Zahl der Partitionen mit gegebenen Überlapp beträgt

$$M_f = \left(1 - \frac{\delta_{N/2,f}}{2}\right) \binom{N}{f}, \quad (5.10)$$

der Erwartungswert von $E_{f,1:M_f}$ ist gleich

$$\left[E_{f,1:M_f}\right] = \frac{1}{M_f p_f(0)}. \quad (5.11)$$

5 Lokale REM-Eigenschaften des Konfigurationsraums

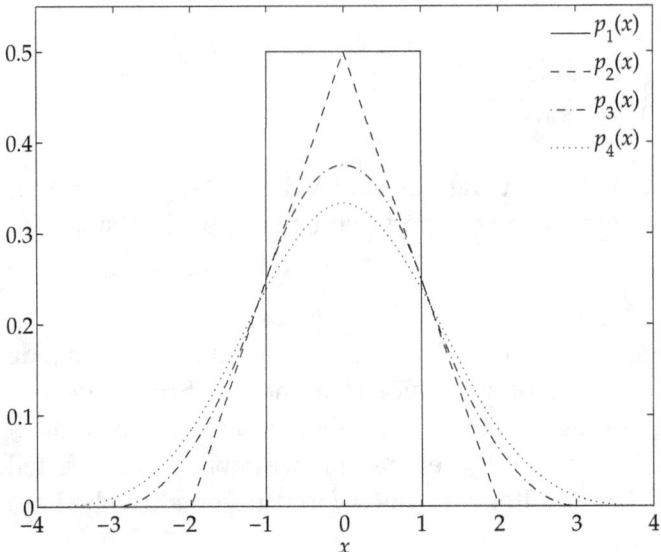

Abb. 5.5: Darstellung der in (5.7) definierten Verteilungen $p_f(x)$ für $f = 1, 2, 3, 4$.

Gehen wir wieder zur reskalierten Energie $E' = E/\sqrt{N\sigma^2}$ über, so ergibt sich entsprechend

$$\left[E'_{f,1:M_f}\right] = \frac{1}{M_f p_f(0) \sqrt{N\sigma^2}}. \tag{5.12}$$

Da oben in $(0, 1]$ gleichverteilte Gewichte a_i vorausgesetzt wurden, ist $\sigma^2 = 1/3$ zu setzen. In (5.11) bzw. (5.12) geht nur der Wert $p_f(0)$ ein, nicht die Verteilung selbst. Mit den Faltungen (5.7) erhalten wir

$$
\begin{aligned}
p_1(0) &= \frac{1}{2} & p_7(0) &= \frac{5887}{23040} & p_{13}(0) &= \frac{20646903199}{108999475200} \\
p_2(0) &= \frac{1}{2} & p_8(0) &= \frac{151}{630} & p_{14}(0) &= \frac{27085381}{148262400} \\
p_3(0) &= \frac{3}{8} & p_9(0) &= \frac{259723}{1146880} & p_{15}(0) &= \frac{467168310097}{2645053931520} \\
p_4(0) &= \frac{1}{3} & p_{10}(0) &= \frac{15619}{72576} & p_{16}(0) &= \frac{2330931341}{13621608000} \\
p_5(0) &= \frac{115}{384} & p_{11}(0) &= \frac{381773117}{1857945600} & & \\
p_6(0) &= \frac{11}{40} & p_{12}(0) &= \frac{655177}{3326400} & &
\end{aligned}
\tag{5.13}
$$

bzw. $p_f(0) \approx 1/\sqrt{2\pi f/3}$ für große f. Nach Abb. 5.4 stimmt (5.12) mit dem numerisch für $E'_{f,1:M_f}$ ermittelten Wert gut überein.

In Abb. 5.4 erkennt man weiterhin, dass, wenn nur wenige Spin-Invertierungen (großer Überlapp) erlaubt sind, $E'_{f,1:M_f}$ deutlich von der Art der gewählten Referenzpartition abhängt. Je Spin-Invertierung ändert sich die Energie um maximal $1/\sqrt{N\sigma^2}$. Da die mittele Energie einer zufälligen Partition gleich $\sqrt{2/\pi}$ ist, ist $E'_{1,1:M_1}$ bei zufällig gewählten Referenzpartition deutlich größer, als wenn der Grundzustand als Referenzpartition verwendet wird. Erst wenn hinreichend viele Spin-Invertierungen erlaubt sind, „vergisst" das System, von welcher Referenzpartition es startete, und wir erhalten für $E'_{f,1:M_f}$ unabhängig von der Art der Referenzpartition etwa gleiche Werte.

In [10] beweisen die Autoren rigoros, dass sich energetisch benachbarte Konfigurationen des Zahlenaufteilungsproblems bezüglich ihres Überlapps tatsächlich wie zufällig gewählte Konfigurationen verhalten. Dazu betrachten sie den Überlapp

$$q = \frac{1}{\sqrt{N}} \sum_{i=1}^{N} s_{1,i} \cdot s_{2,i}, \tag{5.14}$$

der für zufällig gewählte Konfigurationen im Limes $N \to \infty$ normalverteilt ist, und zeigen, dass der so definierte Überlapp zwischen zwei energetisch benachbarten Konfigurationen des Zahlenaufteilungsproblems die gleiche Verteilung hat.

5.2.2 Spingläser

Auch für Ising-Spinglas-Modelle wie das Edwards-Anderson-, das Sherrington-Kirkpatrick- bzw. das p-Spin-Modell ist der Überlapp ein Maß für die Ähnlichkeit zweier Spinkonfigurationen. Genau wie beim Zahlenaufteilungsproblem haben wir die Verteilung des Überlapps zwischen zwei energetisch benachbarten Konfigurationen numerisch bestimmt. Gemäß These 2 ist für $N \to \infty$ und fester Referenzenergie α die Verteilung des Überlapps durch (2.31) gegeben.

Auch dies wird durch numerische Simulationen bestätigt. In Abb. 5.6 sind exemplarisch die numerisch ermittelten Verteilungen des Überlapps für eine feste Referenzenergie α im Falle des Edwards-Anderson-Modells bzw. des p-Spin-Modells wiedergegeben. Simulationen für andere Spinglasmodelle und andere Referenzniveaus ergaben qualitativ ähnliche Ergebnisse. Jedesmal war die numerisch ermittelte Verteilung des Überlapps in guter Übereinstimmung mit (2.31).

Heuristisch lässt sich der Mechanismus, der dazu führt, dass die Verteilung des Überlapps zweier energetisch benachbarter Spinkonfigurationen gleich der Verteilung des Überlapps zwischen zwei zufällig gewählten Spinkonfigurationen ist, ähn-

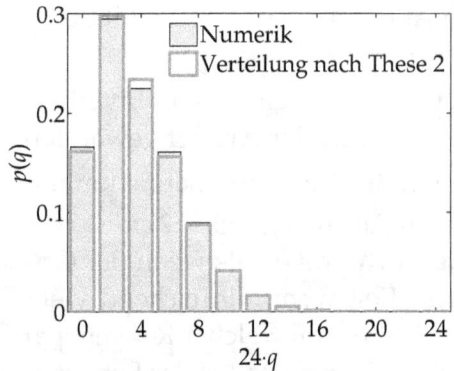 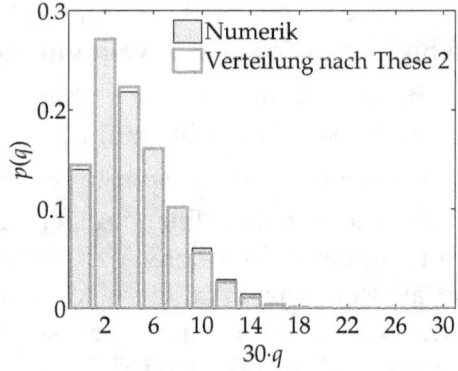

Abb. 5.6: Links: Verteilung des Überlapps q zwischen zwei energetisch benachbarten Konfigurationen des p-Spin-Modells mit Vierspinwechselwirkungen nahe der Referenzenergie $\alpha = -1{,}5$ mit $N = 24$. Rechts: Analoge Darstellung für das Edwards-Anderson-Modell auf einem 6×5-Gitter mit zyklischen Randbedingungen nahe der Referenzenergie $\alpha = -0{,}75$. Es wurde über jeweils 10 000 Instanzen gemittelt. Die theoretische Verteilung ist durch (2.31) gegeben.

lich wie beim Zahlenaufteilungsproblem erklären. Eine einzelne Spininvertierung verändert die Energie $E'_{k:M}$ um einen Betrag $|E'_{k:M} - E'_{l:M}|$, der sehr groß gegenüber der typischen Energie $|E'_{k:M} - E'_{k+1:M}|$ zwischen benachbarten Energieniveaus ist. Um vom Niveau $E'_{l:M}$ zurück zu $E'_{k+1:M}$ zu gelangen, sind im Allgemeinen eine extensive Zahl von Spininvertierungen notwendig. Welche Spins auf dem Wege von $E'_{k:M}$ zu $E'_{k+1:M}$ für eine konkrete Realisierung der Kopplungskonstanten des gegebenen Spinglases invertiert werden müssen, hängt sehr empfindlich von den Kopplungskonstanten und der Startkonfiguration ab. Dies führt letztendlich dazu, dass der Überlapp zwischen den zu den Niveaus $E'_{k:M}$ und $E'_{k+1:M}$ gehörenden Konfigurationen wie zufällig ausgewürfelt erscheint.

5.2.3 Gerichtete Wege in Zufallsmedien

Nach (3.13) in Abschnitt 3.2.3 lässt sich jeder Pfad der Länge N in einem $(1+1)$-dimensionalen gerichteten Zufallsmedium durch N Variablen i_k codieren, die jeweils angeben, über welche Kante der Pfad im k-ten Schritt geht. Der Hamming-Abstand

$$h(i_a, i_b) = \sum_{k=1}^{N} \left(1 - \delta_{i_{a,k}, i_{b,k}}\right) \tag{5.15}$$

ist ein Maß dafür, wie stark zwei Wege i_a und i_b voneinander abweichen.

Falls gerichtete Wege in Zufallsmedien die lokale REM-Eigenschaft aufweisen, ist der Hamming-Abstand zwischen zwei energetisch benachbarten Pfaden laut These 2 eine Zufallsgröße, die die gleiche Verteilung hat wie zwei zufällig gewählte Wege im gerichteten Zufallsmedium gleicher Länge. Um diese These testen zu können, benötigen wir zunächst diese Verteilung.

Wir betrachten Wege der Länge N auf einem zweidimensionalen Gitter (Medium). Ausgehend vom Ursprung kann der Weg in jedem Schritt mit gleicher Wahrscheinlichkeit entweder nach links oder rechts verzweigen. Bei fester Weglänge N gibt es so insgesamt 2^N verschiedene Wege. Wenn wir aus diesen 2^N möglichen Wegen zufällig zwei herausgreifen, wie groß ist die Wahrscheinlichkeit $p_{N,h}$, dass beide Wege über $N - h$ gleiche Kanten verlaufen?

Es leuchtet unmittelbar ein, dass $p_{N,0} = 1/2^N$ ist. Denn ein verschwindender Hamming-Abstand bedeutet, dass beide Wege identisch sind. Die Wahrscheinlichkeit, dass zwei Wege in einem bestimmten Schritt in die gleiche Richtung verzweigen, beträgt jeweils $1/2$, dass sie N-mal in die gleiche Richtung verzweigen $1/2^N$. Ein ähnliches Argument liefert $p_{N,1} = 1/2^N$. Die einzige Möglichkeit, dass zwei Wege einen Hamming-Abstand von 1 haben, besteht darin, dass sie sich einzig im letzten Schritt in ihrer Richtung unterscheiden. Im Allgemeinen lassen sich die gesuchten Wahrscheinlichkeiten $p_{N,h}$ jedoch nicht aus solch einfachen Argumenten ableiten.

Um die Wahrscheinlichkeiten $p_{N,h}$ zu berechnen, führen wir zunächst die Hilfsgrößen $p_{N,h,\Delta}$ ein. Sie bezeichnen, wie wahrscheinlich es ist, dass zwei zufällig gewählte Wege der Länge N

- den Hamming-Abstand h haben, und außerdem
- auf der N-ten Ebene einen Abstand von Δ einnehmen.

Die eigentlich gesuchte Wahrscheinlichkeit $p_{N,h}$ ergibt sich dann aus der Summierung über den Abstand Δ.

$$p_{N,h} = \sum_{\Delta=0}^{d} p_{N,h,\Delta} \tag{5.16}$$

Für kleine N finden wir die Wahrscheinlichkeiten leicht durch Enumeration aller möglichen Wegepaare. Für $N = 1$ gilt:

$p_{1,0,0} = 1/2$ $p_{1,0,1} = 0$
$p_{1,1,0} = 0$ $p_{1,1,1} = 1/2$

Und für $N = 2$ finden wir:

$$p_{2,0,0} = 1/4 \qquad p_{2,0,1} = 0 \qquad p_{2,0,2} = 0$$
$$p_{2,1,0} = 0 \qquad p_{2,1,1} = 1/4 \qquad p_{2,1,2} = 0$$
$$p_{2,2,0} = 1/4 \qquad p_{2,2,1} = 1/4 \qquad p_{2,2,2} = 1/4$$

Ausgehend von diesen Wahrscheinlichkeitsverteilungen für kleine N lassen sich alle Wahrscheinlichkeitsverteilungen für größere Systeme leicht rekursiv berechnen. Die Form der Rekursionsbeziehungen hängt vom Parameter Δ ab. Speziell die Fälle $\Delta = 0$, $\Delta = 1$, $\Delta = N - 1$ und $\Delta = N$ müssen gesondert betrachtet werden.

- Für $\Delta = 0$ erhalten wir die Beziehung

$$p_{N,h,0} = \frac{1}{4} p_{N-1,h-1,1} + \frac{1}{2} p_{N-1,h,0} \,. \tag{5.17}$$

Denn es gibt zwei Möglichkeiten, wie zwei Wege der Länge N am gleichen Ort enden ($\Delta = 0$) und gleichzeitig einen Hamming-Abstand von h haben. Entweder haben sie nach $N - 1$ Schritten erst einen Hamming-Abstand von $h - 1$ und befinden sich auf der $(N - 1)$-sten Ebene einen Gitterpunkt auseinander. Dann müssen die Wege im N-ten Schritt aufeinander zulaufen, was mit der Wahrscheinlichkeit $1/4$ geschieht. Andererseits könnte der Hamming-Abstand nach $N - 1$ Schritten bereits h betragen und sich beide Wege am gleichen Punkt befinden. Dann müssen beide Wege im nächsten Schritt in die gleiche Richtung verzweigen, was mit der Wahrscheinlichkeit $1/2$ geschieht.

- Sollen beide Wege nach dem letzten Schritt genau einen Gitterpunkt auseinander sein und einen Hamming-Abstand h haben, so müssen sie nach dem $(N - 1)$-sten Schritt keinen, einen oder zwei Gitterpunkte voneinander entfernt sein und einen Hamming-Abstand von $h - 1$ haben. Entsprechend finden wir

$$p_{N,h,1} = \frac{1}{2} p_{N-1,h-1,0} + \frac{1}{2} p_{N-1,h-1,1} + \frac{1}{4} p_{N-1,h-1,4} \,. \tag{5.18}$$

- Einen Abstand von $N - 1$ Gitterpunkten können wir nur erreichen, wenn er bereits in der vorletzten Ebene $N - 1$ oder $N - 2$ beträgt.

$$p_{N,h,N-1} = \frac{1}{2} p_{N-1,h-1,N-1} + \frac{1}{4} p_{N-1,h-1,N-2} \,. \tag{5.19}$$

- Eine maximale Entfernung der Endposition erhält man nur, wenn die zwei Wege schon in der Ebene darüber maximal entfernt sind und beide Wege im

5.2 Konfigurationen verschiedener Modelle mit lokaler REM-Eigenschaft

letzten Schritt auseinander laufen, was nur in einem Viertel der möglichen Verzweigung passiert.

$$p_{N,h,N} = \frac{1}{4} p_{N-1,h-1,N-1} \tag{5.20}$$

- In allen anderen Fällen lautet die Rekursionsbeziehung

$$p_{N,h,\Delta} = \frac{1}{4} p_{N-1,h-1,\Delta-1} + \frac{1}{2} p_{N-1,h-1,\Delta} + \frac{1}{4} p_{N-1,h-1,\Delta+1}. \tag{5.21}$$

Durch die Rekursionsbeziehungen (5.17) bis (5.18), (5.19), (5.20) und (5.21) sowie der Zusatzbedingung $p_{N,h,\Delta} = 0$, falls $h < 0$ oder $h > N$, lassen sich alle gesuchten Wahrscheinlichkeiten $p_{N,h,\Delta}$ bzw. $p_{N,h}$ berechnen.

Abbildung 5.7 stellt die Verteilung $p_{N,h}$ der numerisch bestimmten Verteilung des Hamming-Abstandes h zwischen zwei energetisch benachbarten Pfaden nahe einer gegebenen Referenzenergie α gegenüber. Zumindest für $\alpha = 0$ finden wir eine sehr gute Übereinstimmung beider Verteilungen. Auf typischen Energieskalen haben energetisch benachbarte Pfade den gleichen Hamming-Abstand wie zwei zufällig gewählte Pfade. Aus der Geometrie des einen Pfades lässt sich keine Information über die Geometrie von Pfaden in der unmittelbaren Nähe des Energiespektrums gewinnen. Dies steht im krassen Gegensatz zur Geometrie von Pfaden nahe des Grundzustandes. Diese haben in der Regel einen sehr kleinen Hamming-Abstand, vergleiche auch Abb. 3.2.

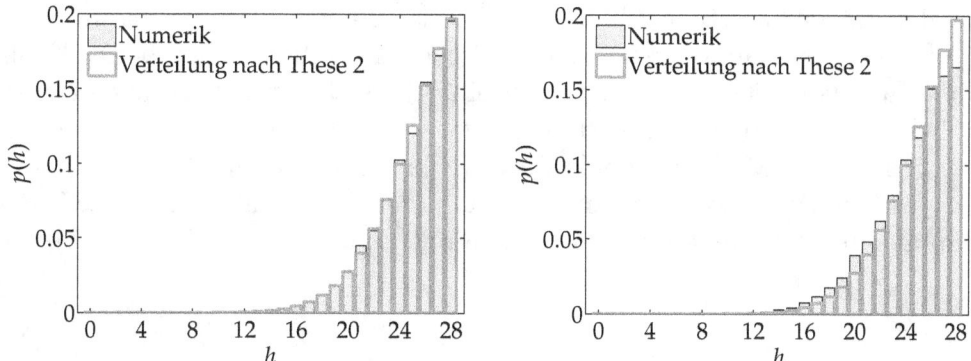

Abb. 5.7: Verteilung des Hamming-Abstandes h zwischen zwei energetisch benachbarten Pfaden nahe der Referenzenergie α mit $\alpha = 0$ (links) und $\alpha = -1{,}25$ (rechts) und $N = 28$. Kopplungskonstanten (Kantengewichte) waren normalverteilt mit Mittelwert null. Es wurde über jeweils 10 000 Instanzen gemittelt. Die theoretische Verteilung ist durch $p_{N,h}$ (siehe Text) gegeben.

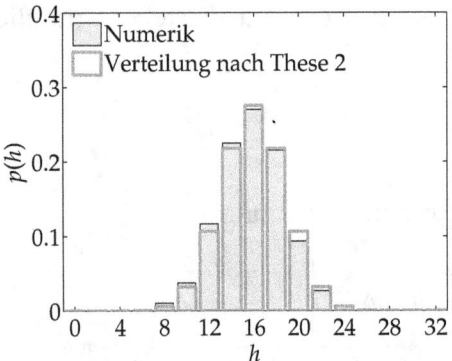 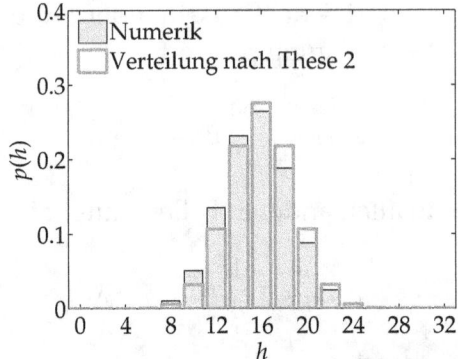

Abb. 5.8: Verteilung des Hamming-Abstandes h zwischen zwei energetisch benachbarten Konfigurationen des Cluster-Minimierungs-Problems nahe der Referenzenergie α mit $\alpha = 0{,}5$ (links) und $\alpha = -1$, (rechts), $N = 16$ Teilchen die an $N' = 32$ diskreten Raumpunkten angeordnet werden können. Kopplungskonstanten (Kantengewichte) waren normalverteilt mit Mittelwert null. Es wurde über jeweils 10 000 Instanzen gemittelt.

5.2.4 Cluster-Minimierung

Zum Schluss dieses Abschnitts wollen wir noch kurz die Eigenschaften des Konfigurationsraumes des Cluster-Minimierungs-Problems betrachten. Hier kann jede Konfiguration eindeutig durch N' Variablen s_i beschrieben werden, die codieren, ob Raumpunkt $\vec{r}_i$ besetzt ist ($s_i = 1$) oder nicht ($s_i = 0$). In jeder Konfiguration sind N Raumpunkte besetzt und $N' - N$ frei.

Analog zu den Gerichteten Wegen in Zufallsmedien bestimmen wir numerisch die Verteilung des Hamming-Abstands zwischen energetisch benachbarten Konfigurationen und vergleichen sie mit der Verteilung des Hamming-Abstands zwischen Zufallskonfigurationen. Qualitativ bietet sich das gleiche Bild wie schon in den zuvor betrachteten Modellen. Beide Verteilungen stehen in guter Übereinstimmung, wobei für Referenzenergien in den Ausläufern der Verteilung $p_{E'}(x)$ diese Übereinstimmung aufgrund der endlichen Systemgröße schwächer wird, siehe Abb. 5.8.

Kapitel 6

Die Bedeutung der numerischen Auflösung der Kopplungskonstanten

Wenn das Energiespektrum so vieler Modelle lokal wie das des Random-Energy-Modells aussieht, dann muss es dafür einen gemeinsamen Mechanismus geben. In diesem Kapitel werden wir sehen, dass die numerische Auflösung der Kopplungskonstanten bei diesem Mechanismus eine zentrale Rolle spielt.

6.1 Heuristische Erklärung der lokalen REM-Eigenschaft

Betrachten wir dazu noch einmal die Energiefunktion (3.2) aus These 1 auf Seite 29.

$$E = \mathcal{H}(y) = f\left(\sum_{i=1}^{n} X_i y_i\right) \tag{6.1}$$

In der These 1 wird vorausgesetzt, dass eine Umskalierung der Energie existiert, so dass die Dichte $p_{E'}(x)$ der neuen Energieskala unabhängig von n wird. Wie diese Umskalierung genau aussieht, hängt natürlich von den Details der Energiefunktion (6.1) ab. Da die Dichte $p_{E'}(x)$ laut Annahme gemäß These 1 eine endliche Varianz hat und das Modell exponentiell viele Energieniveaus besitzt, liegen benachbarte Energieniveaus $E'_{i:M}$ und $E'_{i+1:M}$ auf typischen Energieskalen eng beieinander.

$$E'_{i+1:M} - E'_{i:M} = \mathcal{O}\left(\lambda_1^{-n}\right), \quad \lambda_1 > 1 \tag{6.2}$$

Daraus folgt, dass für jede Referenzenergie α im Abstand $\mathcal{O}(\lambda_1^{-n})$ ein Energieniveau existiert. Andererseits haben Konfigurationen y_a und y_b, die im Konfigurationsraum eng benachbart sind, typischerweise einen energetischen Abstand, der nur polynomiell in n schrumpft.

$$\mathcal{H}(y_1) - \mathcal{H}(y_2) = \mathcal{O}\left(n^{-\lambda_2}\right), \qquad \lambda_2 > 1 \tag{6.3}$$

Nehmen wir $n = N$ freie Ising-Spins $y_i = s_i$ in lokalen Zufallsfeldern $X_i = h_i$ als Beispiel. Wenn die Felder reellwertige Zufallsvariablen mit Mittelwert null und einem zweiten Moment σ^2 sind so ist

$$E' = \frac{1}{\sqrt{N\sigma^2}} \sum_{i=1}^{N} h_i s_i. \tag{6.4}$$

Gemäß der Eigenschaft 1 auf Seite 17 besteht der Träger der Verteilung, aus der die Zufallsfelder h_i gezogen werden, mindestens aus einem Intervall der reellen Achse. Dies hat zur Folge, dass mit der Wahrscheinlichkeit eins keine Energieniveaus entartet sind. Dieses Modell hat somit 2^N Energieniveaus E'_i, deren Verteilung durch eine Normalverteilung mit Mittelwert null und Varianz eins gegeben ist.

Für jede typische Referenzenergie α mit $p_{E'}(\alpha) > 0$ finden wir im Abstand $\mathcal{O}(2^{-N})$ ein Energieniveau $E'_{r+1:M}$. Wie groß die Differenz zwischen der Referenzenergie α und dem Niveau $E'_{r+1:M}$ ist, wird in erster Linie von den niederwertigen Bits von $h_i/\sqrt{N\sigma^2}$ bestimmt. Denn wir können durch die N dynamischen Variablen s_i die Energie E' so justieren, dass (etwa) die ersten N Bits von α und $E'_{r+1:M}$ übereinstimmen. Über die verbleibenden niederwertigen Bits in $E'_{r+1:M}$ haben wir keinerlei Kontrolle. Sie sind zufällig, was letztenendes dazu führt, dass die Energieachse um die Referenzenergie α herum wie ein Poisson-Prozess aussieht.

Das nächsthöhere Energieniveau $E'_{r+2:M}$ liegt wieder im Abstand $\mathcal{O}(2^{-N})$ von $E'_{r+1:M}$. Die zu $E'_{r+1:M}$ und $E'_{r+2:M}$ gehörenden Konfigurationen sind zwar verschieden, aber doch so fein aufeinander abgestimmt, dass (etwa) die ersten N Bits von $E'_{r+1:M}$ und $E'_{r+2:M}$ übereinstimmen. Gerade diese Feinabstimmung der höherwertigen Bits von $E'_{r+1:M}$ und $E'_{r+2:M}$ würfelt aber die niederwertigen Bits zufällig aus.

Mit dieser heuristischen Deutung, lässt sich auch der Ursprung der lokalen REM-Eigenschaft im Konfigurationsraum, wie sie in These 2 präsentiert wird, erklären. Auf dem Wege vom Energieniveau $E'_{r+1:M}$ zu Niveau $E'_{r+2:M}$ bewegt man sich zunächst durch einige Spininvertierungen energetisch sehr weit (weit im Vergleich zur Energielücke zwischen $E'_{r+1:M}$ und $E'_{r+2:M}$) weg von $E'_{r+1:M}$, um dann auf einem längeren Weg durch den Konfigurationsraum über eine extensive Zahl von Spininvertierungen schließlich wieder beim Niveau $E'_{r+2:M}$ zu enden. Während dieser erneuten Feinabstimmung geht jede Ähnlichkeit zwischen den zu den Niveaus $E'_{r+1:M}$ und $E'_{r+2:M}$ gehörenden Konfigurationen verloren, was schließlich zu den in These 2 postulieren Eigenschaften führt.

6.2 Ganzzahlige Kopplungen

Die Kopplungskonstanten der vorgestellen Modelle wurden bisher als reellwertig betrachtet. Dass dies eine ganz wesentliche Zutat zu einem Modell mit lokaler REM-Eigenschaft ist, wird deutlich, wenn wir zu ganzzahligen Kopplungen übergehen und die numerische Auflösung geeignet mit der Systemgröße skalieren.

Am einfachsten lässt sich der Einfluss der numerischen Auflösung der Kopplungskonstanten wieder am Modell von N Ising-Spins s_i in lokalen Zufallsfeldern h_i demonstrieren. Die Energie ist durch

$$E = \sum_{i=1}^{N} s_i h_i \tag{6.5}$$

gegeben. Wir nehmen die Zufallsfelder als „verschoben binomialverteilte" Zufallsvariablen mit Mittelwert null und dem zweiten Moment $\sigma^2 = 2a^2$ an.

$$p_h(x) = \frac{1}{2^{2a^2}} \binom{2a^2}{x - a^2} \qquad x, a \in \mathbb{N} \tag{6.6}$$

Der Parameter a bestimmt die numerische Auflösung der Kopplungskonstanten, ist $a = 2^b$, so benötigen wir typischerweise b Bits, um ein Zufallsfeld h_i zu codieren. Im Limes $b \to \infty$ und geeigneter Reskalierung der Energie erhalten wir wieder das aus Abschnitt 6.1 bekannte Modell mit reellwertigen Kopplungen.

Typische Energieniveaus (6.5) liegen zwischen $-2^b \sqrt{N}$ und $2^b \sqrt{N}$. Alle Energieniveaus sind per Konstruktion ganzzahlig und benachbarte Niveaus haben einen Abstand von zwei bzw. Vielfache von zwei. Insgesamt existieren $\mathcal{O}(2^N)$ Konfigurationen, deren Energie zwischen $-2^b \sqrt{N}$ und $2^b \sqrt{N}$ liegt. Daraus flogt, dass wenn

$$2^b \sqrt{N} \ll 2^N \quad \text{bzw.}$$
$$b \ll N,$$

die Niveaus auf typischen Energieskalen stark entartet sind, siehe Abb. 6.1. Je kleiner die numerische Auflösung b desto stärker die Entartung. Der Abstand zwischen zwei benachbarten Energieniveaus beträgt typischerweise zwei. Die Statistik der Energieabstände ist praktisch auf einen festen Wert determiniert und steht somit im krassen Gegensatz zur Situation in These 2 aus Abschnitt 5.1.

Mit wachsender Auflösung sinkt der Grad der Entartung bis schließlich jedes Niveau einfach besetzt ist. Im Regime

$$2^b \sqrt{N} \gg 2^N \quad \text{bzw.}$$
$$b \gg N,$$

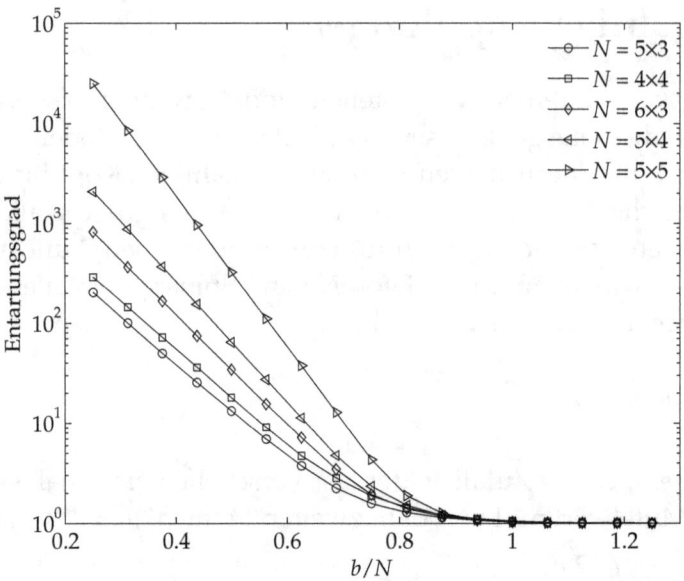

Abb. 6.1: Grad der Entartung (bis auf Symmetrie) einzelner Energieniveaus des Edwards-Anderson-Modells als Funktion der numerischen Auflösung der Kopplungskonstanten bei $\alpha = 0$. Werden die einzelnen Kopplungskonstanten durch mehr als N Bits codiert, so wird jedes Energieniveau durch eine einzige Konfiguration realisiert.

ist die Zahl prinzipiell realisierbarer Niveaus viel größer als die Zahl tatsächlich besetzter Niveaus. Auf welchen Punkten der Energieachse die realisierten Niveaus schließlich liegen, hängt wie im Abschnitt 6.1 beschrieben empfindlich von den niederwertigen Bits der Kopplungskonstanten h_i ab. Ist die Auflösung der Kopplungskonstanten hinreichend groß, so verhält sich das Energiespektrum lokal gemäß These 1.

Auch wenn die hier geschilderte Argumentation lediglich heuristischer Natur ist, so scheint das hier am Beispiel der Ising-Spins in lokalen Zufallsfeldern geschilderte Szenario generischer Natur zu sein. Auch in anderen Modellen mit lokaler REM-Eigenschaft kommt der numerischen Auflösung der Kopplungskonstanten eine vergleichbare Rolle zu [6, 7, 4]. So wird in [12] bewiesen, dass der Grad der Entartung der Niveaus (bei $\alpha = 0$) des Zahlenaufteilungsproblems mit N in $[1, 2^b]$ gleichverteilten ganzzahligen Gewichten von der numerischen Auflösung b abhängt. Für $b < N$ sind die Niveaus exponentiell in N entartet, bei $b > N$ ist die Entartung aufgehoben. Für andere Systeme fehlt bisher ein vergleichbarer Beweis.

Die Rolle der numerischen Auflösung wird in folgendem Experiment besonders

6.2 Ganzzahlige Kopplungen

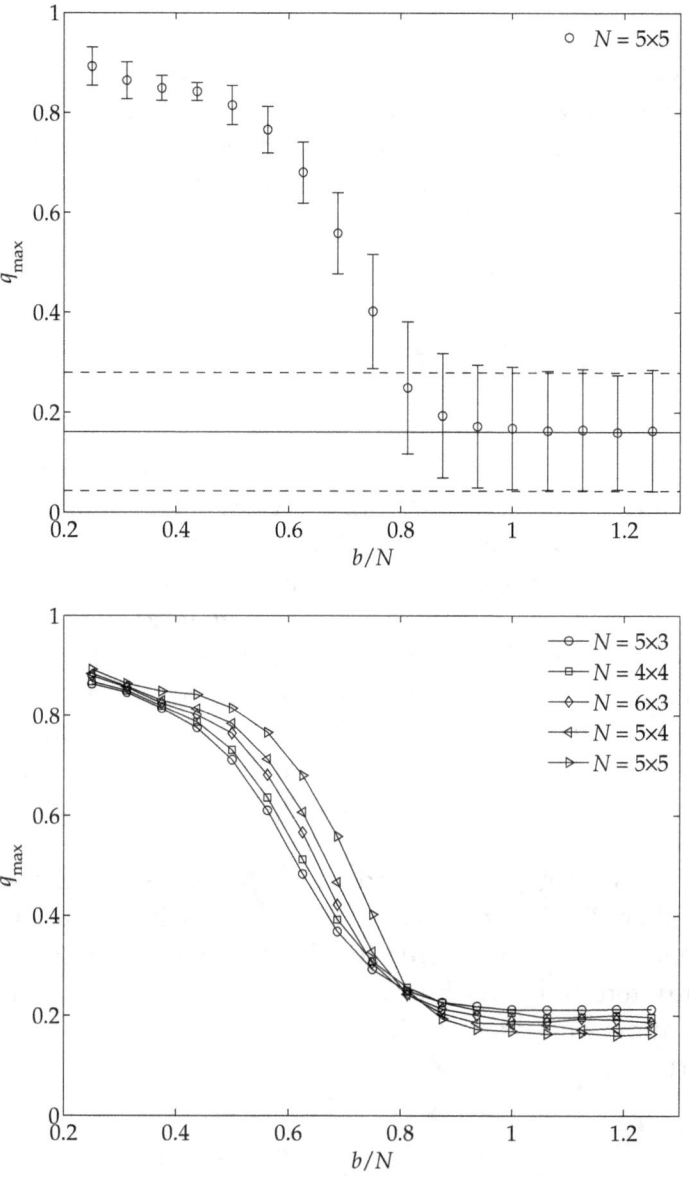

Abb. 6.2: Oben: Mittelwert (Symbole) und Standardabweichung (Fehlerbalken) des maximalen Überlapps q_{max} zwischen zwei energetisch benachbarten Konfigurationen bei $\alpha = 0$ im Edwards-Anderson-Modell als Funktion der numerischen Auflösung der Kopplungskonstanten. Durchgezogene Linien entsprechen dem Erwartungswert bzw. der Standardabweichung der Verteilung (2.31). Unten: Die entsprechenden Daten für verschiedene Systemgrößen.

deutlich. Abschnitt 5.2.2 zeigte, dass im Edwards-Anderson-Modell mit reellwertigen Kopplungen der Überlapp zwischen Konfigurationen von energetisch benachbarten Zuständen gemäß (2.31) verteilt ist und im Mittel etwa $\sqrt{2/(\pi N)}$ beträgt. Geht man nun zu ganzzahligen Kopplungen hinreichend kleiner Auflösung über, so sind die Niveaus entartet. Zu jedem Paar von Zuständen mit den Energien $E'_{r+1:M}$ und $E'_{r+2:M}$ lässt sich der Überlapp berechnen. Unter all diesen Paaren wird eines gesucht, das den Überlapp maximiert.

$$q_{\max} = \max_{\substack{\mathcal{H}_{\mathrm{EA}}(s_a)=E_{r+1:M} \\ \mathcal{H}_{\mathrm{EA}}(s_b)=E_{r+2:M}}} \frac{1}{N} \left| \sum_{i=1}^{N} s_{a,i} \cdot s_{b,i} \right| \tag{6.7}$$

Abbildung 6.2 zeigt $q_{\max}$ als Funktion der numerischen Auflösung der Kopplungskonstanten für das Edwards-Anderson-Modell. Die Kopplungen wurden aus der Verteilung (6.6) mit $a = 2^b$ gezogen. Im Regime hoher numerischer Auflösung ($b \gg N$) läuft die Maximierung (6.7) über nur ein Paar von Zuständen und $q_{\max}$ ist im Mittel gleich dem Erwartungswert der Verteilung (2.31). Bei $b \approx N$ tritt ein qualitativer Wechsel auf. Wegen der exponentiell in N wachsenden Entartung der Energieniveaus für $b \ll N$ läuft die Maximierung (6.7) über sehr viele Paare von Konfigurationen. Unter diesen Paaren sind typischerweise auch immer einige, die im Konfigurationsraum deutlich näher beieinander liegen als zwei zufällig gewählte Konfigurationen, so dass $q_{\max}$ im Mittel deutlich größer als Erwartungswert der Verteilung (2.31) ist.

Beim Zahlenaufteilungsproblem findet im Limes $N \to \infty$ bei $b = N$ ein scharfer Übergang zu einem Regime mit lokaler REM-Eigenschaft statt. Für das Edwards-Anderson-Modell und auch andere Modelle ist ein analoger Phasenübergang zu erwarten. Der untere Teil von Abb. 6.2 zeigt deutlich, wie der Punkt, ab dem $q_{\max}$ mit dem Erwartungswert der Verteilung (2.31) übereinstimmt für größere N gegen $b = N$ wandert.

Kapitel 7

Berechnungskomplexität

In den Kapiteln 4 und 5 wurden verschiedene Merkmale von Modellen mit lokaler REM-Eigenschaft numerisch untersucht. So wurde z. B. die Verteilung der kleinsten Energie $E'_{r+1:M}$ oberhalb einer Refenzenergie α bestimmt. Jedoch wurde bisher noch gar nicht darauf eingegangen, *wie* das Energieniveau $E'_{r+1:M}$ berechnet wurde. Dieses Kapitel gezeigt nun, dass die Berechnung von $E'_{r+1:M}$ für alle Modelle mit lokaler REM-Eigenschaft ein sehr hartnäckiges Problem ist und mindestens so schwer ist wie eine ganze Klasse weiterer als sehr schwer lösbar bekannte Probleme.

7.1 These zur Berechnungskomplexität

Alle Modelle mit lokaler REM-Eigenschaft können als Entscheidungs- oder Optimierungsproblem aufgefasst werden. Die dritte These dieser Arbeit macht eine Aussage darüber, wie schwer es aus algorithmischer Sicht ist, diese Entscheidungsbzw. Optimierungsprobleme zu lösen.

These 3 (Lokale REM-Eigenschaft und Berechnungskomplexität) Gegeben sei ein Modell, das die Eigenschaften 1 bis 3 auf Seite 17 erfüllt, dessen Kopplungskonstanten aber ganze Zahlen sind, $X_i \in \mathbb{Z}$. Außerdem habe die Energie- oder Kostenfunktion die spezielle Form

$$\mathcal{H}(y) = \sum_{i=1}^{n} X_i y_i \qquad (7.1)$$

mit $y_i \in \{-1, 1\}$ oder $y_i \in \{0, 1\}$. Dann hat das aus dem Modell abgeleitete Entscheidungs- bzw. Optimierungsproblem folgende Eigenschaften:

1. Das Entscheidungsproblem

> „Existiert eine zulässige Konfiguration y, deren Kosten bzw. Energie $\mathcal{H}(y)$ gleich einem vorgegebenen Wert E_{ref} ist?"
>
> ist $\mathcal{NP}$-vollständig.
>
> 2. Das Optimierungsproblem
>
>   „Wie groß ist die kleinste Energie des Modells, die größer als ein vorgegebener Referenzwert E_{ref} ist?"
>
>   ist $\mathcal{NP}$-hart.

7.2 Ausflug in die Komplexitätstheorie

These 3 behauptet, dass Modelle mit lokaler REM-Eigenschaft zur Klasse der so genannten $\mathcal{NP}$-vollständigen Probleme gehören. Um diese These ausreichend würdigen zu können, zeigt dieser Abschnitt, was man unter einem $\mathcal{NP}$-vollständigen Problem versteht und welche besonderen Eigenschaften diese Problemklasse aufweist. An dieser Stelle kann das Thema Komplexitätstheorie nur angerissen werden, *die* Standardreferenz zu $\mathcal{NP}$-vollständigen Problemen ist [25]. Eine Einführung mit physikalisch motivierten Beispielen findet man in [44] oder [30], eine unterhaltsame eher graphentheoretisch orientierte Einführung zu $\mathcal{NP}$-vollständigen Problemen gibt das *Kinder*buch [27], weiterführende Texte findet man in Büchern der theoretischen Informatik, z. B. [51], [17], [52] oder [56]. Aus den letzten drei Quellen sind zum großen Teil die Ausführungen zu diesem Kapitel entnommen.

7.2.1 Zeitkomplexität

Was bedeutet es, wenn man sagt, dass ein Problem schwer oder leicht ist? Intuitiv ist es klar, dass ein Problem leicht ist, wenn es nur weniger Ressourcen bedarf, dieses zu lösen. Ist dies nicht der Fall, ist es schwer. Für eine systematische Untersuchung vieler Probleme hinsichtlich ihres Lösungsaufwands ist aber eine exakte Definition notwendig. Als Maße für den Lösungsaufwand eines Problems sind die benötigte Rechenzeit und der benötigte Speicherplatz gebräuchlich. Wir untersuchen im Folgenden nur die Rechenzeit als Maß für die Schwierigkeit eines Problems und betrachten dessen so genannte Zeitkomplexität.

Im Allgemeinen besitzt ein Problem verschiedene Instanzen, die durch eine Menge von Eingabegrößen parametrisiert werden. Ein mögliches Problem ist z. B. „Sortiere die Zahlen $a_1, a_2, \ldots, a_n$". Eine Instanz des Problems erhält man dadurch, dass

7.2 Ausflug in die Komplexitätstheorie

für $a_1, a_2, \ldots, a_n$ konkrete Werte gewählt werden. Die Zeit zur Lösung des Problems hängt von der konkreten Instanz, dem Rechnermodell und vom verwendeten Algorithmus ab. Durch Einführung der Zeitkomplexität im schlechtesten Fall bzw. im typischen Fall erhält man jedoch zwei Komplexitätsmaße, die von der konkreten Instanz unabhängig sind.

Definition 7.1 (Zeitkomplexität im schlechtesten Fall) Die Zeitkomplexität im schlechtesten Fall $T_{\text{worse}}(n)$ ist definiert als das Maximum der Ausführungszeiten $t(x_i)$ eines Algorithmus über alle möglichen Probleminstanzen x_i der Größe n.

$$T_{\text{worse}}(n) = \max_{|x_i|=n} t(x_i) \tag{7.2}$$

Definition 7.2 (Zeitkomplexität im typischen Fall) Die Zeitkomplexität im typischen Fall $T_{\text{average}}(n)$ ist definiert als die mittlere Ausführungszeit eines Algorithmus über alle möglichen Probleminstanzen x_i der Größe n.

$$T_{\text{average}}(n) = \sum_i p(x_i) t(x_i) \tag{7.3}$$

Eine Probleminstanz x_i tritt mit der Wahrscheinlichkeit $p(x_i)$ auf.

Meist beschränkt man sich bei der Analyse der Zeitkomplexität auf die Zeitkomplexität im schlechtesten Fall. Dies hat zwei Gründe. Erstens gestaltet sich die Analyse des schlechtesten Falls meist viel einfacher als die des typischen Falls, zweitens sind die Wahrscheinlichkeiten $p(x_i)$ a priori oft gar nicht bekannt. Die Theorie $\mathcal{NP}$-vollständiger Probleme beschäftigt sich mit der Zeitkomplexität im schlechtesten Fall, daher soll abkürzend einfach $T(n) = T_{\text{worse}}(n)$ geschrieben werden.

Die Definition von Zeitkomplexität im schlechtesten Fall bzw. im typischen Fall hängt von der Größe einer Probleminstanz ab. Sie ist gleich der Zahl der Zeichen eines vorgegebenen Alphabets, die benötigt werden, um eine Instanz zu codieren. Diese doch recht informelle Definition ist vollkommen ausreichend, da die Aussagen der Komplexitätstheorie nicht von den Details der Eingabecodierung abhängen.

Die Zeitkomplexität im schlechtesten Fall hängt jedoch noch immer vom verwendeten Rechnermodell ab. Um auch diese Abhängigkeit zu eliminieren, betrachtet man nur das asymptotische Verhalten von $T(n)$ und definiert die durch die Funktion $f : \mathbb{N} \to \mathbb{R}_{0+}$ parametrisierten Mengen

$$\mathcal{O}(f(n)) = \{t : \mathbb{N} \to \mathbb{R}_{0+} | (\exists c \in \mathbb{R}_+) (\exists n_0 \in \mathbb{N}) (\forall n \geq n_0) [(t(n) \leq cf(n)]\}, \tag{7.4}$$

$$\Omega(f(n)) = \{t : \mathbb{N} \to \mathbb{R}_{0+} | (\exists c \in \mathbb{R}_+) (\exists n_0 \in \mathbb{N}) (\forall n \geq n_0) [(t(n) \geq cf(n)]\} \tag{7.5}$$

Tab. 7.1: Polynomielles versus exponentielles Wachstum.

$T(n)$	$T(10)$	$T(100)$	$T(1000)$
n	10	100	1 000
$n \log_2 n$	33	664	9 966
n^2	100	10 000	1 000 000
n^3	1 000	1 000 000	1 000 000 000
$1{,}05^n$	2	132	1 546 318 920 731 927 238 984
2^n	1024	1 267 650 600 228 229 401 496 703 205 376	$\approx 10^{301}$
$n!$	3 628 800	$\approx 10^{58}$	$\approx 10^{2568}$

und

$$\Theta(f(n)) = \mathcal{O}\left(f(n)\right) \cap \Omega(f(n)) \,. \tag{7.6}$$

$\mathbb{R}_{0+}$ bezeichnet die Menge der nicht negativen reellen Zahlen, $\mathbb{R}_+$ die Menge der positiven reellen Zahlen, siehe auch Anhang A. Die Menge $\mathcal{O}(f(n))$ ist also die Menge aller Funktionen $t(n)$, die durch ein positives Vielfaches von $f(n)$ nach *oben* beschränkt werden, falls $n \geq n_0$. Die Menge $\Omega(f(n))$ ist hingegen die Menge aller Funktionen $t(n)$, die durch ein positives Vielfaches von $f(n)$ nach *unten* beschränkt werden, falls $n \geq n_0$. Um die Zeitkomplexität eines Algorithmus zu charakterisieren, gibt man nur noch an, in welcher dieser Mengen $T(n)$ liegt.

Die Komplexitätstheorie beschäftigt sich im Gegensatz zur Algorithmik nicht mit konkreten Algorithmen, sondern mit ganzen Klassen von Algorithmen zur Lösung eines Problems. Die Algorithmik kann durch Angabe eines Algorithmus zeigen, dass ein Problem für beliebige Eingabegrößen n in der Zeit $\mathcal{O}(f(n))$ lösbar ist. Die Komplexitätstheorie versucht zu zeigen, dass *jeder* Algorithmus zur Lösung eines Problems mindestens die Zeit $\Omega(g(n))$ erfordert. Einen effizienten Lösungsalgorithmus hat man genau dann gefunden, wenn $f(n) \in \Theta(g(n))$.

Als leichte Probleme bezeichnet man alle Probleme, die sich in polynomieller Zeit lösen lassen, wo also $T(n) \in \Theta(n^k)$ mit beliebigem positivem k gilt. Schwere Probleme sind all diejenigen, deren Lösungsalgorithmen eine Laufzeit benötigen, die schneller als jedes Polynom in n wachsen, z. B. exponentiell, also $T(n) \in \Theta(k^n)$ mit $k > 1$. Diese Definition ist robust bezüglich der Wahl des Rechnermodells. Dass die Definition schwerer und leichter Probleme nicht vom gewählten Rechnermodell abhängt, liegt u. a. daran, dass sich Rechnermodelle durch andere Rechnermodelle (z. B. Turing-Maschine durch Registermaschine) in polynomieller Zeit simulieren lassen [51, 17, 52, 56].

Probleme exponentieller und polynomieller Zeitkomplexität unterscheiden sich deutlich. So führt bei polynomieller Zeitkomplexität eine konstante Beschleunigung des Rechners auf eine Erhöhung der Eingabelänge, die in vorgegebener Zeit bearbeitet werden kann, um einen konstanten Faktor größer als eins, während bei exponentieller Zeitkomplexität nur eine Erhöhung der Eingabelänge um einen konstanten Summanden möglich ist. Bei der Verdopplung der Rechenleistung kann man bei einem Algorithmus der Zeitkomplexität $\mathcal{O}(2^n)$ die Eingabegröße von n nur auf $n+1$ erhöhen, während bei einem Algorithmus der Zeitkomplexität $\mathcal{O}(n^2)$ die Eingabegröße von n auf $\sqrt{2}n$ erhöht werden kann. Tabelle 7.1 drückt den Unterschied zwischen exponentiellem und polynomiellem Wachstum in Zahlen aus. Ist n nur groß genug, wird polynomielles Wachstum von exponentiellem immer übertroffen.

Definition 7.3 (Leichte und schwere Probleme) Probleme zu deren Lösung Algorithmen existieren, deren Laufzeit durch ein Polynom in der Größe der Eingabedaten beschränkt ist, heißen leichte Probleme. Existiert kein solcher Algorithmus, so ist das Problem schwer.

7.2.2 Die Komplexitätsklassen $\mathcal{P}$ und $\mathcal{NP}$

In diesem Abschnitt werden die Komplexitätsklassen $\mathcal{P}$ und $\mathcal{NP}$ eingeführt. Beide Klassen enthalten Entscheidungsprobleme. Darunter versteht man Probleme, die eine Ja-nein-Antwort verlangen. Eine Beschränkung auf Entscheidungsprobleme bedeutet aus theoretischer Sicht keine wesentliche Einschränkung. Lässt sich die Entscheidungsvariante eines Problem in polynomieller Zeit lösen, so gilt dies auch für seine Optimierungsvariante.

Definition 7.4 (Komplexitätsklasse $\mathcal{P}$) (nach [17]) $\mathcal{P}$ wird die Klasse der Entscheidungsprobleme genannt, die durch einen Algorithmus mit polynomiell beschränkter Laufzeit gelöst werden können.

Der Beweis, dass ein Problem in der Klasse $\mathcal{P}$ liegt, erfolgt in der Regel durch Angabe eines Algorithmus mit polynomieller Zeitkomplexität. Zu beweisen, dass ein Problem nicht in der Klasse $\mathcal{P}$ liegt, ist weit schwieriger. Dies gelingt praktisch nur für schlecht gestellte Probleme. Ein solches Problem kann z. B. eine Optimierungsaufgabe sein, für die *alle* Lösungen gesucht sind, und die Zahl der Lösungen selbst exponentiell mit der Eingabegröße wächst.

Definition 7.5 (Komplexitätsklasse $\mathcal{NP}$) (nach [17]) $\mathcal{NP}$ ist die Klasse aller Entscheidungsprobleme, für die ein Beweissystem existiert, so dass die Beweise kurz und einfach nachzuprüfen sind. Genauer, ein Entscheidungsproblem X ist genau dann in $\mathcal{NP}$, wenn ein Beweisraum Q, ein Beweissystem $F \subseteq X \times Q$ und ein Polynom $p(n)$ existieren, so dass

1. $(\forall x \in X)(\exists q \in Q)[\langle x, q \rangle \in F$ und $|q| \leq p(|x|)]$, wobei $|q|$ und $|x|$ die Größen von q bzw. von x bezeichnet; und

2. $F \in \mathcal{P}$.

Diese Definition verlangt von einem Entscheidungsproblem also nicht, dass ein effizienter Algorithmus zu dessen Lösung existiert, sondern nur, dass ein Algorithmus existiert, der einen Kandidaten für eine Lösung effizient überprüft. Die Komplexitätsklasse $\mathcal{P}$ ist in $\mathcal{NP}$ enthalten, $\mathcal{P} \subseteq \mathcal{NP}$.

Ein Beispiel für ein Problem der Komplexitätsklasse $\mathcal{NP}$ ist die Entscheidungsvariante des in Abschnitt 3.2.1 vorgestellten Untersummenproblems. Eine gegebene Partition der Menge $A = \{a_1, a_2, \ldots, a_N\}$ natürlicher Zahlen in zwei Teilmengen P und $A \setminus P$ lässt sich in linearer Zeit in N testen, ob die Summe in einer der Mengen einen vorgegebenen Wert b erreicht.

$$\sum_{a_i \in P} a_i \stackrel{?}{=} b \qquad (7.7)$$

Die Bezeichnung $\mathcal{NP}$ steht für nichtdeterministisch polynomiell, weil bei Problemen der Klasse $\mathcal{NP}$, die positiv entschieden werden können, ein nichtdeterministischer Algorithmus (man denke an ein Orakel) das Entscheidungsproblem in polynomieller Zeit lösen kann. Im Beispiel des Untersummenproblems müsste man nur das Orakel nach einer Partition befragen, in der die Summe in einer der beiden Teilmengen den vorgegebenen Wert b erzielt. Existiert eine solche Partition, kann das Orakel diese nennen, die dann nur noch in linearer Zeit überprüft werden muss.

7.2.3 Polynomielle Reduktion

Wenn man mit einem neuen Problem konfrontiert wird, möchte man für dessen Lösung natürlich einen schnellen, das heißt, polynomiellen Algorithmus finden. Ist man in der Lage, einen solchen Algorithmus anzugeben, kann man sich glücklich schätzen. Was aber, wenn man keinen findet? Dies kann zweierlei Gründe haben. Das Problem liegt zwar in $\mathcal{P}$, es fehlt dem Algorithmiker aber die notwendige Einsicht, einen polynomiellen Algorithmus zu finden. Oder das Problem liegt nicht in $\mathcal{P}$ und es existiert kein polynomieller Lösungsalgorithmus. Dann sollte man versuchen, dies zu beweisen. Leider gibt es zahlreiche Probleme, für die kein polynomieller Lösungsalgorithmus bekannt ist, für die bisher aber auch kein Beweis für die Nichtexistenz eines polynomiellen Lösungsalgorithmus gelungen ist. Um aber trotzdem noch Aussagen über den Schwierigkeitsgrad eine Problems machen zu können, bedient man sich verschiedener Reduktionsprinzipien.

Mit Hilfe der polynomiellen Reduktion kann man eine Rangliste schwerer Probleme erstellen. Gegeben sei ein als notorisch schwer bekanntes Problem P_{alt} und ein neues Problem P_{neu}. Wenn man nun zeigen kann, dass ein hypothetischer effektiver Algorithmus für P_{neu} automatisch zu einem effektiven Algorithmus für P_{alt} führt, überträgt sich die vermutete Schwierigkeit des Problems P_{alt} auf P_{neu}. Die Existenz eines effektiven Algorithmus für P_{alt} zeigt man einfach durch Angabe eines polynomiellen Algorithmus für P_{alt}, der als Unterprogramm den Lösungsalgorithmus für P_{neu} benutzt. P_{neu} ist also mindestens so schwer wie P_{alt}, man schreibt $P_{alt} \leq_p P_{neu}$ und nennt P_{alt} auf P_{neu} polynomiell reduzierbar. Die Eigenschaft polynomiell reduzierbar zu sein, ist reflexiv ($P \leq_p P$) und transitiv (aus $P_1 \leq_p P_2$ und $P_2 \leq_p P_3$ folgt $P_1 \leq_p P_3$).

7.2.4 $\mathcal{NP}$-vollständige Probleme, der Satz von Cook und die $\mathcal{NP} \neq \mathcal{P}$-Vermutung

Definition 7.6 ($\mathcal{NP}$-Vollständigkeit) Ein Problem P_v wird als $\mathcal{NP}$-vollständig bezeichnet, wenn es in $\mathcal{NP}$ liegt und sich jedes Problem aus $\mathcal{NP}$ polynomiell auf P_v reduzieren lässt.

$\mathcal{NP}$-vollständige Probleme sind also die schwersten Probleme aus der Klasse $\mathcal{NP}$.

Satz 7.1 (Satz von Cook) Das SAT-Problem ist $\mathcal{NP}$-vollständig.

Beim SAT-Problem (*satisfiability problem*) besteht die Aufgabe darin, zu entscheiden, ob für die aussagenlogische Formel

$$f(v_1, v_2, \ldots, v_n) = \bigwedge_i \bigvee_j L_{ij}, \qquad L_{ij} \in \{v_1, v_2, \ldots, v_n, \neg v_1, \neg v_2, \ldots, \neg v_n\} \quad (7.8)$$

eine Belegung der Variablen $v_1, v_2, \ldots, v_n$ existiert, so dass $f(v_1, v_2, \ldots, v_n)$ den boolschen Wert „wahr" ergibt. Den recht technischen Beweis dieses Satzes findet man z. B. im Buch [52], auf dessen Wiedergabe hier verzichtet sei.

Welche Bedeutung haben $\mathcal{NP}$-vollständige Probleme? $\mathcal{NP}$-vollständige Probleme sind die schwersten Probleme aus $\mathcal{NP}$. Wenn es gelänge, für *ein einziges* $\mathcal{NP}$-vollständiges Problem P_v^+ einen polynomiellen Lösungsalgorithmus anzugeben, so müsste auch für *alle* anderen Probleme der Klasse $\mathcal{NP}$ ein polynomieller Lösungsalgorithmus existieren, da sich jedes andere Problem aus $\mathcal{NP}$ polynomiell auf P_v^+ reduzieren lässt. Außerdem folgte die Gleichheit der Klassen $\mathcal{NP}$ und $\mathcal{P}$, $\mathcal{NP} = \mathcal{P}$. Könnte man für *ein einziges* $\mathcal{NP}$-vollständiges Problem P_v^- zeigen, dass kein polynomieller Lösungsalgorithmus existiert, folgte unmittelbar $\mathcal{NP} \neq \mathcal{P}$, außerdem wäre gleichzeitig bewiesen, dass *kein* $\mathcal{NP}$-vollständiges Problem in polynomieller Zeit lösbar ist.

Ob nun $\mathcal{NP} \neq \mathcal{P}$ oder $\mathcal{NP} = \mathcal{P}$ gilt, ist offen. Da $\mathcal{NP}$-vollständige Probleme aber als notorisch schwierig bekannt sind, und nach jahrelanger Forschungsarbeit für kein einziges $\mathcal{NP}$-vollständiges Problem ein effizienter Algorithmus gefunden werden konnte, vermutet kaum ein Informatiker die Gleichheit von $\mathcal{NP}$ und $\mathcal{P}$, [54] geht sogar noch weiter (mit „Cook's and Valiant's hypotheses" ist die Vermutung $\mathcal{NP} \neq \mathcal{P}$ gemeint, zitiert nach [56]):

> The evidence in favour of Cook's and Valiant's hypotheses is so overwhelming, and the consequences of their failure are so grotesque, that their status may perhaps be compared to that of physical laws rather than that of ordinary mathematical conjectures.

7.2.5 $\mathcal{NP}$-Vollständigkeit beweisen

Der direkte Nachweis der $\mathcal{NP}$-Vollständigkeit eines gegeben Problems anhand der Definition 7.6 ist technisch sehr anspruchsvoll, da zu zeigen ist, dass *jedes* Problem aus $\mathcal{NP}$ sich polynomiell auf dieses reduzieren lässt. Hat man aber ein einziges $\mathcal{NP}$-vollständiges Problem P_v gefunden, reicht es für den Beweis der $\mathcal{NP}$-Vollständigkeit eines weiteren Problems P, zu zeigen, dass sich P_v auf P polynomiell reduzieren lässt. Gängige Beweistechniken der $\mathcal{NP}$-Vollständigkeit bauen also darauf auf, dass schon Probleme als $\mathcal{NP}$-vollständig identifiziert wurden. Der Satz von Cook war darum ein ganz wesentlicher Durchbruch in der Komplexitätstheorie. Dank ihm ist wenigstens ein $\mathcal{NP}$-vollständiges Problem bekannt.

Die einfachste Beweistechnik ist die Restriktion [25]. Ein $\mathcal{NP}$-Vollständigkeitsbeweis durch Restriktion für ein Problem $P \in \mathcal{NP}$ besteht darin, zu zeigen, dass P ein als $\mathcal{NP}$-vollständig bekanntes Problem P_v als Spezialfall enthält. Die Grundidee eines solchen Beweises ist es, den Instanzen von P weitere Nebenbedingungen aufzuerlegen, so dass P mit diesen Nebenbedingungen identisch zu P_v ist. Dabei müssen die beiden Probleme nicht buchstäblich gleich sein. Es reicht, eine Eins-zu-eins-Korrespondenz zwischen P mit Nebenbedingungen und P_v herzustellen.

7.2.6 $\mathcal{NP}$-schwere Probleme

Die Komplexitätstheorie macht vor allem Aussagen zu Entscheidungsproblemen. Entscheidungsprobleme sind oft von Optimierungsproblemen abgeleitet. Bei einem Minimierungsproblem hat man im Allgemeinen eine Kostenfunktion $\mathcal{H}(s)$ gegeben und sucht eine Variablenbelegung $s = s_{\min}$, die $\mathcal{H}(s)$ minimiert. Ein Entscheidungsproblem ergibt sich in natürlicher Weise aus einem Optimierungsproblem dadurch, dass ein kritischer Wert E_{ref} vorgegeben wird und entschieden werden soll, ob ein s_0 existiert, so dass $\mathcal{H}(s_0) \leq E_{\text{ref}}$. Ist das Entscheidungsproblem $\mathcal{NP}$-vollständig, heißt das Optimierungsproblem $\mathcal{NP}$-schwer. Allgemein definiert man:

Definition 7.7 ($\mathcal{NP}$-schwere Probleme) Gegeben sei ein Problem P, so dass jedes Problem aus $\mathcal{NP}$ polynomiell auf P reduzierbar ist. Wenn P selbst nicht in $\mathcal{NP}$ liegt, wird es $\mathcal{NP}$-schwer genannt.

Will man beweisen, dass ein Problem P $\mathcal{NP}$-schwer ist, muss man nicht zwingend zeigen, dass jedes Problem aus $\mathcal{NP}$ polynomiell auf P reduzierbar ist. Stattdessen reicht es auch zu beweisen, dass ein $\mathcal{NP}$-vollständiges Problem polynomiell reduzierbar auf P ist.

Wenn $\mathcal{NP} \neq \mathcal{P}$ gilt, kann für kein $\mathcal{NP}$-schweres Optimierungsproblem ein polynomieller Lösungsalgorithmus existieren, denn das davon abgeleitete Entscheidungsproblem könnte einfach dadurch gelöst werden, dass man in polynomieller Zeit $E_{\min} = \mathcal{H}(s_{\min})$ berechnet und mit E_{ref} vergleicht.

7.3 Zeitkomplexität von Problemen mit lokaler REM-Eigenschaft

7.3.1 Zahlenaufteilungsproblem

In diesem Abschnitt wird für einige Modelle mit lokaler REM-Eigenschaft These 3 bewiesen. Dabei stützt sich der Beweis auf Eigenschaften einiger Varianten des Zahlenaufteilungsproblems bzw. des Untersummenproblems. Als Ausgangspunkt dient das folgende Resultat aus [25] (siehe auch Abschnitt 3.2.1):

Satz 7.2 Die Entscheidungsvariante des ganzzahligen Zahlenaufteilungsproblems ist $\mathcal{NP}$-vollständig.

Daraus resultiert unmittelbar der nächste Satz.

Satz 7.3 Das exakte vorzeichenbehaftete Zahlenaufteilungsproblem und das Untersummenproblem mit ganzen Zahlen sind $\mathcal{NP}$-vollständig.

Unter dem exakten vorzeichenbehafteten Zahlenaufteilungsproblem wird das Entscheidungsproblem

„Existiert eine Partition $s \in \{-1,1\}^N$ der ganzen Zahlen $(a_1, a_2, \ldots, a_N)$, so dass zu vorgegebenen b die Summe $\sum_{i=1}^{N} s_i a_i$ gleich b ist?"

verstanden. Man kann diese Aufgabenstellung auch so verstehen, dass zu entscheiden ist, ob im Spektrum eines Systems von N nicht wechselwirkenden Ising-Spins in lokalen Zufallsfeldern ein Niveau mit der Energie b existiert.

Mit $b = 0$ und $a_i \in \mathbb{N}$ ist das Zahlenaufteilungsproblem nach Abschnitt 3.2.1 im exakten vorzeichenbehafteten Zahlenaufteilungsproblem enthalten, woraus der Satz 7.3 folgt. Dieser Beweis ist ein Beispiel für die in Abschnitt 7.2.5 beschriebene Technik des $\mathcal{NP}$-Vollständigkeitsbeweises durch Restriktion.

Das Untersummenproblem ist nur eine andere Formulierung des exakten vorzeichenbehafteten Zahlenaufteilungsproblems. Beim Untersummenproblem wird eine Partition durch das N-Tupel $s \in \{0,1\}^N$ beschrieben und es ist zu entscheiden, ob eine Partition $s \in \{0,1\}^N$ mit

$$\sum_{i=1}^{N} s_i a_i = b \qquad s_i \in \{0,1\} \tag{7.9}$$

existiert. Nach Multiplikation mit 2 und einigen Umformungen erhält man

$$\sum_{i=1}^{N} (2s_i - 1) a_i = 2b - \sum_{i=1}^{N} a_i \qquad s_i \in \{0,1\}. \tag{7.10}$$

Identifiziert man noch $s_i' = 2s_i - 1$ und $b' = 2b - \sum_{i=1}^{N} a_i$, so liegt wieder das exakte vorzeichenbehaftete Zahlenaufteilungsproblem vor.

Satz 7.4 Die Intervallvariante des vorzeichenbehafteten Zahlenaufteilungsproblems und des Untersummenproblems mit ganzen Zahlen sind $\mathcal{NP}$-vollständig.

Mit der Intervallvariante des vorzeichenbehafteten Zahlenaufteilungs- bzw. und des Untersummenproblems sind die beiden folgenden Fragestellungen gemeint:

„Existiert eine Partition $s \in \{-1,1\}^N$ bzw. $s \in \{0,1\}^N$ der ganzen Zahlen $(a_1, a_2, \ldots, a_N)$, so dass zu vorgegebenen b_1 und b_2

$$\sum_{i=1}^{N} s_i a_i \geq b_1 \qquad \text{und} \qquad \sum_{i=1}^{N} s_i a_i \leq b_2$$

7.3 Zeitkomplexität von Problemen mit lokaler REM-Eigenschaft

erfüllt sind?"

Der Beweis von Satz 7.4 erfolgt durch Restriktion mit $b_1 = b_2 = b$ auf das exakte vorzeichenbehaftete Zahlenaufteilungsproblem bzw. das Untersummenproblem. Satz 7.4 dient vor allem dazu, den an die zweite Aussage der These 3 angelehnten Satz 7.5 zu beweisen.

Satz 7.5 Das Optimierungsproblem

„Wie groß ist die kleinste Energie $E_{\min} = \sum_{i=1}^{N} s_i a_i$ des exakten vorzeichenbehafteten Zahlenaufteilungsproblems bzw. des Untersummenproblems, die größer als ein vorgegebenen Referenzwert E_{ref} ist?"

ist $\mathcal{NP}$-schwer.

Dieser Satz ist eine unmittelbare Folge von Satz 7.4. Denn gäbe es einen polynomiellen Algorithmus zur Lösung des Optimierungsproblems aus Satz 7.5, so könnte man damit auch das $\mathcal{NP}$-vollständige exakte vorzeichenbehaftete Zahlenaufteilungsproblem bzw. das Untersummenproblem in polynomieller Zeit lösen. Dazu ist lediglich $E_{\text{ref}} = b_1$ zu setzen und hinterher zu testen, ob $E_{\text{ref}} \leq b_2$.

Das Problem aus diesem Satz liegt als Optimierungsproblem selbst nicht in $\mathcal{NP}$, kann aber auf die Intervallvariante des vorzeichenbehafteten Zahlenaufteilungsproblems bzw. des Untersummenproblems polynomiell reduziert werden. Das hat die Folge, existiert ein Algorithmus, der die Intervallvariante des vorzeichenbehafteten Zahlenaufteilungsproblems bzw. des Untersummenproblems löst und dessen Laufzeit polynomiell in der Größe der Eingabedaten beschränkt ist, so lässt sich daraus ein polynomieller Algorithmus ableiten, der das Problem aus Satz 7.5 löst.

Damit ist klar, dass die Aussagen der These 3 auf das exakte Zahlenaufteilungs- und das Untersummenproblem mit ganzzahligen Gewichten zutreffen. Sie sind in ihrer Entscheidungsvariante $\mathcal{NP}$-vollständig und in ihrer Optimierungsvariante $\mathcal{NP}$-schwer. Wenn wir zeigen können, dass ein anderes Modell mit lokaler REM-Eigenschaft eines dieser beiden Probleme als Spezialfall in sich trägt, so folgt daraus unmittelbar, dass auch dieses den Aussagen von These 3 genügt.

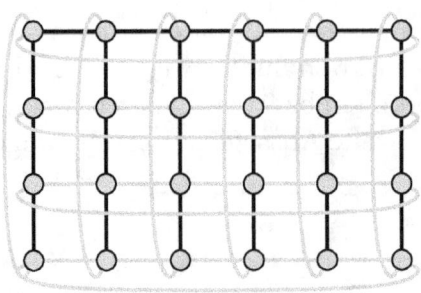
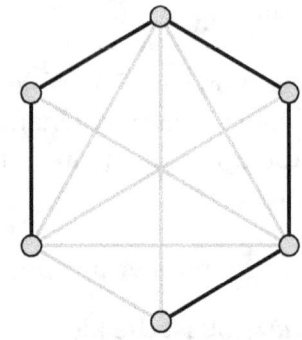

Abb. 7.1: Aufspannende Bäume der Graphen, auf denen das Edwards-Anderson- (links) bzw. das Sherrington-Kirkpatrick-Modell (rechts) definiert sind. Der Spannbaum ist jeweils schwarz ausgezeichnet.

7.3.2 Spingläser

Spingläser wie das Edwards-Anderson- bzw. das Sherrington-Kirkpatrick-Modell beschreiben die Wechselwirkungen von Spins, die an den Knoten eines Graphen angeordnet sind, siehe Abb. 7.1. Verschwinden alle diese Wechselwirkungen bis auf die an den Kanten eines den Graphen aufspannenden Baumes, so ist ein Spinglas mit Zwei-Spin-Wechselwirkungen äquivalent zum exakten vorzeichenbehafteten Zahlenaufteilungsproblem. Denn jede noch effektiv zur Energie beitragende Kopplung kann unabhängig von den anderen befriedigt werden. Die Frage, ob ein bestimmtes Energieniveau in einer Realisierung eines Spinglases realisiert ist, ist also $\mathcal{NP}$-vollständig. Dies gilt selbst für ein Spinglas mit ausschließlich ferromagnetischen Kopplungen.

7.3.3 Gerichtete Wege in Zufallsmedien

Auch gerichtete Wege in Zufallsmedien enthalten das exakte vorzeichenbehaftete Zahlenaufteilungsproblem als einen Spezialfall. Zu entscheiden, ob es in einem Medium einen Pfad gibt, dessen Energie gleich einem vorgegebenen Wert ist, ist darum $\mathcal{NP}$-vollständig. Abbildung 7.2 verdeutlicht, auf welche Art Partitionen des Zahlenaufteilungsproblem als Pfade in einem speziellen Medium aufgefasst werden können. Dabei tragen alle Kanten innerhalb einer Ebene des Mediums betragsmäßig die gleiche Energie. Allerdings unterscheiden sich Schritte nach links und Schritte nach rechts jeweils im Vorzeichen der damit verbundenen Energie.

7.3 Zeitkomplexität von Problemen mit lokaler REM-Eigenschaft

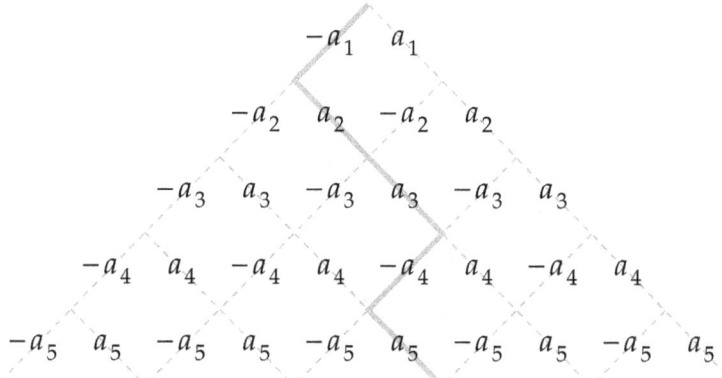

Abb. 7.2: Exaktes vorzeichenbehaftetes Zahlenaufteilungsproblem als Instanz gerichteter Wege in Zufallsmedien. Der eingezeichnete Pfad entspricht der Partition $P = \{2, 3, 5\}$, $A \setminus P = \{1, 4\}$.

7.3.4 Cluster-Minimierung

Um zu beweisen, dass zu entscheiden, ob es einen Cluster gibt, dessen Energie einen bestimmten vorgegeben Wert hat, $\mathcal{NP}$-vollständig ist, zeigen wir, dass dies mindestens so schwer ist wie die entsprechende Frage für das Untersummenproblem. Dazu wird das Cluster-Minimierungsproblem auf Instanzen mit $N = n + 1$ Atomen und $N' = 2n + 1$ möglichen Aufenthaltsorten eingeschränkt. Die Aufenthaltsorte werden von null bis $2n$ durchnummeriert. Die Paarpotentiale $U_{\{i,j\}}$ seien alle null bis auf

$$U_{\{0,j\}} = a_j \qquad 0 < j \leq n. \tag{7.11}$$

Abbildung 7.3 veranschaulicht eine solche Instanz mit $n = 6$. Die Cluster-Konfiguration in Abb. 7.3 entspricht der Partition $P = \{1, 3, 4, 6\}$, $A \setminus P = \{2, 5\}$, besetzte Orte sind dunkel hervorgehoben.

Die n Atome sind nun auf $2n + 1$ mögliche Orte zu platzieren. Jede Konfiguration entspricht einer möglichen Partition der Zahlen $(a_1, a_2, \ldots, a_n)$ und jede der 2^n Partitionen lässt sich als Cluster-Konfiguration codieren. Allerdings ist dies keine eindeutige Eins-zu-eins-Korrespondenz. In der Regel lässt sich eine Partition durch mehrere Cluster-Konfigurationen darstellen. So entspricht jede Cluster-Konfiguration, in der Ort null nicht besetzt ist, der Partition $P = \{1, 2, \ldots n\}$, $A \setminus P = \{\}$. Dies ist für den $\mathcal{NP}$-Vollständigkeitsbeweis nicht wesentlich. Wichtig ist nur, dass die beschriebene Konstruktion es erlauben würde, das Untersummenproblem in polynomieller Zeit zu entscheiden, sobald ein polynomieller Algorithmus entscheiden kann, ob es einen Cluster gibt, dessen Energie einen bestimmten vorgegebenen Wert hat. Da sich das $\mathcal{NP}$-vollständige Untersummenproblem auf das Cluster-Minimie-

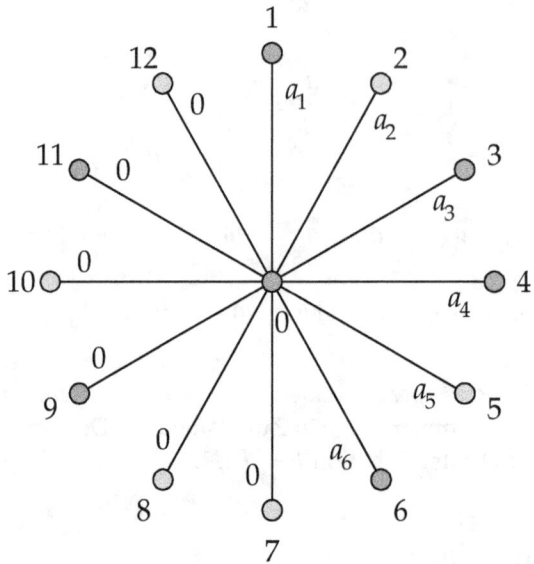

Abb. 7.3: Das Untersummenproblem als Instanz des Cluster-Minimierungsproblems. Gezeichnet sind nur die Paarpotentiale zwischen dem nullten Aufenthaltsort und allen anderen Orten. Sämtliche andere Paarpotentiale verschwinden identisch.

rungsproblem polynomiell reduzieren lässt, ist es selbst auch $\mathcal{NP}$-vollständig.

Daraus folgt, dass die Optimierungsvariante gemäß Teil zwei der These 3 $\mathcal{NP}$-schwer ist. Zwei alternative Beweise dafür, dass die Optimierungvariante $\mathcal{NP}$-schwer ist, findet man auch in [57] und [1].

7.3.5 Weitere Modelle

In den letzten Abschnitten wurde gezeigt, dass die in These 3 betrachteten Entscheidungs- bzw. Optimierungsvarianten bezogen auf Spingläser, Wegen in Zufallsmedien oder auch das Cluster-Minimierungsproblem jeweils das Zahlenaufteilungsproblem bzw. das Untersummenproblem als Spezialfall enthalten. Dies gilt mindestens auch für einige der in Abschnitt 3.2.5 erwähnten Problemstellungen aus der Graphentheorie. In [23] finden sich die entsprechenden Beweise der $\mathcal{NP}$-Vollständigkeit für die Probleme der kürzesten Wege, der minimalen Spannbäume und der gewichteten Paarungen. Die Beweisidee besteht wieder jeweils darin, das betrachtete Problem auf das Zahlenaufteilungsproblem einzuschränken.

Tab. 7.2: Übersicht zur Komplexität verschiedener Probleme mit lokaler REM-Eigenschaft.

Modell/Problem	Grundzustands-berechnung	Optimierungsproblem nach These 3
Zahlenaufteilungsproblem	$\mathcal{NP}$-schwer	$\mathcal{NP}$-schwer
ungeordneter Ferromagnet	polynomiell lösbar	$\mathcal{NP}$-schwer
Spinglas	$\mathcal{NP}$-schwer	$\mathcal{NP}$-schwer
Spinglas auf planaren Graphen	polynomiell lösbar	$\mathcal{NP}$-schwer
gerichtete Wege in Zufallsmedium	polynomiell lösbar	$\mathcal{NP}$-schwer
Cluster-Minimierung	$\mathcal{NP}$-schwer	$\mathcal{NP}$-schwer
kürzeste Wege in Graphen ohne Schleifen negativer Länge	polynomiell lösbar	$\mathcal{NP}$-schwer
minimaler Spannbaum	polynomiell lösbar	$\mathcal{NP}$-schwer

7.4 Komplexität auf verschiedenen Energieskalen

An dieser Stelle soll noch kurz auf einen interessanten „Phasenübergang" eingegangen werden. Eine aus praktischer Sicht wichtige Folge von These 3 besteht darin, dass, falls die beiden Problemklassen $\mathcal{P}$ und $\mathcal{NP}$ nicht zusammenfallen, kein Algorithmus konstruiert werden kann, der die in These 3 formulierten Probleme in polynomieller Zeit lösen kann. Allerdings ist das in These 3 betrachtete Optimierungsproblem etwas exotisch. Gewöhnlicherweise interessiert man sich für ein globales Minimum (Grundzustand), nicht für ein Minimum oberhalb einer Schranke E_{ref}.

Bemerkenswerterweise lassen sich die Grundzustände vieler Modelle mit lokaler REM-Eigenschaft in polynomieller Zeit berechnen. Das heißt, einige Optimierungsprobleme nach These 3 lassen sich im Limes $E_{\text{ref}} \to -\infty$ leicht lösen. Tabelle 7.2 gibt dazu eine kleine Übersicht. Das Zahlenaufteilungsproblem wie in Abschnitt 3.2.1 eingeführt ist eines der grundlegenden $\mathcal{NP}$-schweren Optimierungsprobleme. Es existiert dafür kein bekannter polynomieller Algorithmus. Den Grundzustand eines Ferromagneten auszurechnen ist trivial. Es müssen nur alle Spins parallel ausgerichtet und die Energie dieser Konfiguration berechnet werden. Die Grundzustandsberechnung von Spingläsern ist im Allgemeinen $\mathcal{NP}$-schwer. Für den Spezialfall, dass der Graph des Modells planar ist (lässt sich in der Ebene zeichnen, ohne dass sich Kanten schneiden), kann der Grundzustand in polynomieller Zeit berechnet werden [30]. Methoden zur Berechnung kürzester Wege und minimaler Spannbäume findet man in algorithmisch orientierten Büchern der diskreten Optimierung oder Graphentheorie [40, 35].

Warum lässt sich der Grundzustand eines ungeordneten Ferromagneten oder der kürzeste Weg zwischen zwei Punkten eines gewichteten Graphen (Grundzustandspolymer in Zufallsmedium) in polynomieller Zeit bestimmen, während die gleichen Probleme mit zusätzlicher unterer Schranke $\mathcal{NP}$-schwer sind? Wenn man eine Möglichkeit hat, ein kombinatorisches Problem zu lösen, ohne den ganzen Raum potentieller Lösungen abzusuchen, sondern die Lösung deutlich effizienter konstruieren kann, dann heißt dies immer, dass man eine sehr tiefe Einsicht in das Problem gewonnen hat. Aufgrund einer solchen Einsicht lassen sich Invarianten ableiten, die als Basis für einen polynomiellen Algorithmus dienen.

Dies lässt sich am Beispiel des Algorithmus von Floyd und Warshall [35, 40] illustrieren. Der Floyd-Warshall-Algorithmus ermittelt den kürzesten Weg zwischen zwei Punkten eines gewichteten Graphen. Er basiert auf dem Prinzip des dynamischen Programmierens und setzt die globale Optimallösung aus optimalen Teillösungen zusammen. Er geht dabei von folgender Invarianten aus: Geht der kürzeste Weg von einem Knoten u zum Knoten v über den Knoten w, dann sind die darin enthaltenen Teilpfade von u nach w und von w nach v schon minimal. Nimmt man also an, man kennt schon alle kürzesten Wege zwischen allen Knotenpaaren, die nur über Knoten mit Index kleiner als k führen und man sucht alle kürzesten Wege über Knoten mit Index kleiner oder gleich k, dann hat man für einen Weg von u nach v zwei Möglichkeiten:

- Entweder er geht über den Knoten k, dann setzt er sich aus schon bekannten Pfaden von u nach k und von k nach v zusammen,

- oder es ist der schon bekannte Weg von u nach v, der ausschließlich über Knoten kleiner als k läuft.

Die lokale REM-Eigenschaft gibt nun die Möglichkeit, ein intuitives Verständnis dafür zu gewinnen, warum sich die Probleme aus These 3 nicht in polynomieller Zeit lösen lassen. Nach den Resultaten aus Kapitel 5 sind sich Konfigurationen, deren Energie in einer Größenordnung liegt, in der die lokale REM-Eigenschaft erfüllt ist ($p_{E'}(x) > 0$), so weit im Konfigurationsraum voneinander entfernt, als hätte man zwei zufällige Konfigurationen gewählt. Dies macht es praktisch unmöglich, aus suboptimalen Teillösungen oder aus irgendwelchen Invarianten eine globale Optimallösung zu konstruieren. Die (echten) Grundzustände der in Tab. 7.2 als polynomiell lösbar gekennzeichneten Probleme liegen alle in Energiebereichen, in denen die lokale REM-Eigenschaft nicht mehr gegeben ist.

7.5 Lokale REM-Eigenschaft und die Dynamik von Optimierungsalgorithmen

Würden sich die in Kapitel 3 vorgestellten Modelle gänzlich wie das Random-Energy-Modell verhalten, wäre das Optimierungsproblem aus These 3 vollkommen hoffnungslos. Gegeben ist eine Liste von unkorrelierten Zufallszahlen, aus der die kleinste Zahl über einer Referenz α gesucht ist. Hier gibt es prinzipiell keine effizientere Methode als die gesamte Liste systematisch abzusuchen, und sich dabei das bisher beste Energieniveau zu merken. Da das Random-Energy-Modell 2^N Energieniveaus hat, wächst der Suchaufwand im gleichen Maße exponentiell.

Je mehr Zahlen der Liste man sich bereits angesehen hat, desto kleiner ist die Energie $E'_{\min}$ des bisher besten Niveaus. Hat man bereits M der 2^N Konfigurationen abgesucht, so ist die kleinste Energie dieser M Niveaus im Mittel gleich

$$E'_{\min}(M) = \frac{1}{M p_{E'}(\alpha)} + \alpha. \tag{7.12}$$

(Gleichung gilt nur für $M \gg 1$ und $M \ll 2^N$.) Die Dynamik systematischer Optimierungsalgorithmen für Modelle mit lokaler REM-Eigenschaft ähnelt der einer Suche in eine unsortierten Liste von Zufallszahlen. Auch sie schauen sich eine Vielzahl von Energieniveaus an und die beste Energie $E'_{\min}$ nach M Energieniveaus ist in guter Näherung durch (7.12) gegeben.

In Bereichen der Energieachse, wo die lokale REM-Eigenschaft gegeben ist, stehen keine polynomiellen Algorithmen zur Lösung der Probleme aus These 3 zur Verfügung. Hier sind nur Algorithmen bekannt, die exponentiell viele Kandidatenlösungen konstruieren, bis sie eines der Probleme aus These 3 gelöst haben. Für das Optimierungsproblem stützt sich solch ein Algorithmus im Idealfall auf eine Heuristik, die eine sehr gute erste Kandidatenlösung liefert, die dann immer weiter verbessert wird.

Ein Beispiel für eine solche Heuristik ist die Greedy-Heuristik für das Zahlenaufteilungsproblem. Hierbei werden die Gewichte zunächst absteigend sortiert. Danach wird jeweils das größte der verbleibenden Gewichte in die Teilmenge gelegt, bei der die Summe der Gewichte, die bisher dieser Teilmenge zugeordnet wurden, am kleinsten ist. Diese Heuristik besitzt die Komplexität $\mathcal{O}(N \ln N)$ (wegen der Sortierung) findet aber nicht immer die optimale Partition. Deshalb vervollständigt man diesen Algorithmus. Dazu benutzt der Complete-greedy-Algorithmus einen impliziten Suchbaum, der in Tiefensuche traversiert wird. An jedem Knoten wird entschieden, ein Gewicht a_i in eine bestimmte Teilmenge zu legen. Dabei verzweigt der Algorithmus so, dass zuerst die Teilmenge mit der kleinsten Gewichtssumme

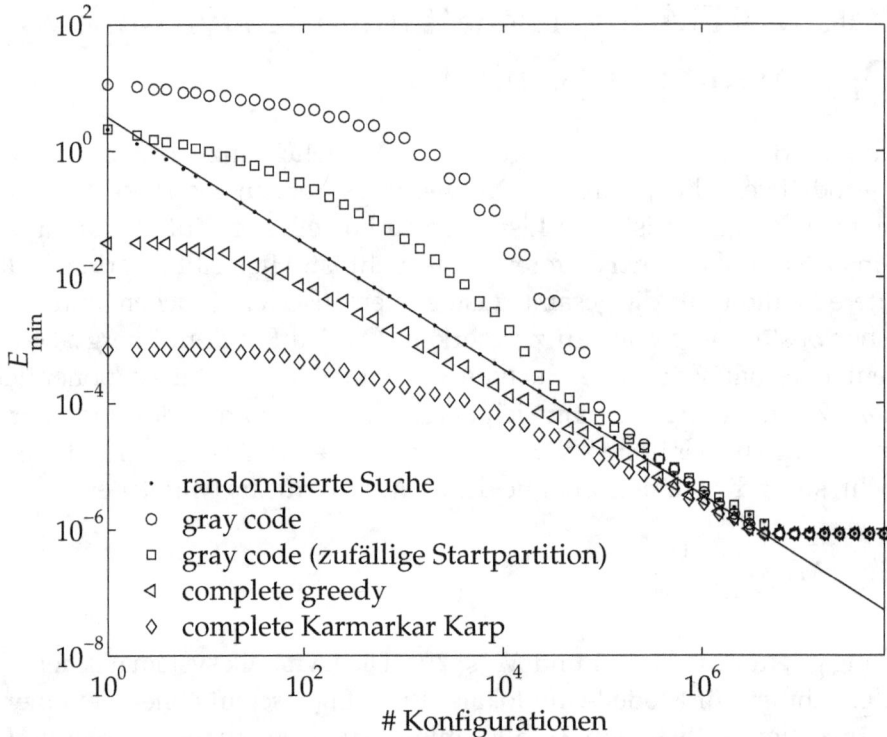

Abb. 7.4: Die Abbildung zeigt die mittlere Energie der besten Partition, die verschiedene Optimierungsalgorithmen für das Zahlenaufteilungsproblem nach einer partiellen Durchsuchung des Konfigurationsraumes gefunden haben. Systemgröße $N = 23$.

und danach die mit der größten gewählt wird. Auf diese Weise wird zuerst die Partition der Greedy-Heuristik erzeugt und dann alle anderen Partitionen. Wenn der ganze Suchbaum traversiert wird, besitzt dieser Algorithmus die Komplexität $\mathcal{O}(2^N)$. Es muss jedoch nicht der ganze Baum traversiert werden. Der Algorithmus kann sofort terminieren, wenn eine perfekte Partition gefunden wurde. Außerdem können gewisse Teilbäume abgeschnitten werden. Der Suchalgorithmus merkt sich immer die vorläufig beste Partition $s_{\min}$. Sobald eine Teilmenge eine Summe erreicht hat, die größer ist als die größte Teilsumme von $s_{\min}$, lohnt es an dieser Stelle nicht mehr, die Tiefensuche weiterzuführen. An den Blättern des Suchbaumes wird nur in die Richtung der Teilmenge mit der kleinsten Gewichtssumme verzweigt. Dieses Branch-and-bound-Verfahren auf der Grundlage der greedy-Heuristik hat eine typische Komplexität von nur noch $\mathcal{O}(2^{0{,}89N})$. Dem steht eine Komplexität von $\mathcal{O}(2^N)$ für die gesamte Durchsuchung des Konfigurationsraumes gegenüber.

7.5 Lokale REM-Eigenschaft und Optimierungsalgorithmen

Im Grunde genommen sind Branch-and-bound-Verfahren jedoch nicht grundsätzlich besser als eine systematische Durchsuchung des Konfigurationsraumes oder zufälliges Suchen. In Abb. 7.4 ist dargestellt, wie sich die Energie der bisher besten Partition im Laufe eines Algorithmus im Mittel entwickelt. Verglichen werden

- randomisierte Suche, bei der einfach zufällige Partitionen erzeugt werden und sich die mit der bisher kleinsten Energie gemerkt wird,

- systematische Durchsuchung des Konfigurationsraumes mittels Gray-Code mit der schlechtsmöglichen Partition als Startpartition,

- systematische Durchsuchung des Konfigurationsraumes mittels Gray-Code mit einer zufälligen Partition als Startpartition,

- ein Branch-and-bound-Algorithmus auf der Grundlage der greedy-Heuristik und

- ein Branch-and-bound-Algorithmus auf der Grundlage der Karmarkar-Karp-Heuristik [37].

In Abb. 7.4 werden auch solche Konfigurationen mitgezählt, die an Blättern von Teilsuchbäumen liegen, die in einem Branch-and-bound-Algorithmus verworfen wurden, weil auch diese zumindest implizit vom Branch-and-bound-Algorithmus besucht wurden.

Branch-and-bound-Algorithmen wie z. B. der Complete-Karmarkar-Karp-Algorithmus, die auf einer guten Heuristik aufsetzen, starten gleich mit einer Partition mit einer relativ kleinen Energie. Allerdings liegt diese Energie noch immer um Größenordnungen über der Grundzustandsenergie. Im Laufe der Zeit finden Complete-Karmarkar-Karp- und Complete-greedy-Algorithmus Partitionen mit immer kleinerer Energie, bis nach spätestens vollständiger Enumerierung des Konfigurationsraumes die Grundzustandskonfiguration gefunden wurde. Im Gegensatz zu Complete-Karmarkar-Karp- und Complete-greedy-Algorithmus setzen die randomisierte bzw. systematische Durchsuchung des Konfigurationsraumes auf keinerlei Heuristik auf, entsprechend groß ist die Energie der Startpartition.

Das bemerkenswerte Ergebnis in Abb. 7.4 ist nun, dass nachdem ein gewisser Teil des Konfigurationsraumes untersucht wurde, die Rate, mit der sich die Energie der bisher besten Partition der Grundzustandsenergie nähert, für alle fünf verglichenen Algorithmen etwa gleich ist und sich durch Gleichung (7.12) beschreiben lässt. Es macht keinen Unterschied mehr, ob der Phasenraum systematisch enumeriert wird, Testpatitionen zufällig erzeugt werden oder man sich einer vermeintlich klugen Heuristik bedient.

Kapitel 8

Zusammenfassung

In dieser Dissertation wurde gezeigt, dass die Eigenschaften des Random-Energy-Modells (REM) universellen Charakter haben. Seine Eigenschaften finden sich in praktisch allen ungeordneten Modellen mit reellen eingefrorenen zufälligen Kopplungstermen, deren Hamilton- oder Kosten-Funktion sich als lineare Summe über die Kopplungsterme schreiben lässt. In die Klasse dieser Modelle fallen zahlreiche Probleme der statistischen Physik aber auch Probleme der diskreten Mathematik und der Optimierung. Die Ergebnisse dieser Arbeit haben somit Bedeutung für Fragestellungen bezüglich ungeordneter Systeme der statistischen Physik als auch bezüglich zufälliger Strukturen in anderen Disziplinen.

Der zentrale Begriff dieser Arbeit ist der der lokalen REM-Eigenschaft. Modelle mit lokaler REM-Eigenschaft weisen in der Umgebung einer Referenzenergie mit positiver Zustandsdichte all die statistischen Merkmale auf, die für das Random-Energy-Modell charakteristisch sind. In drei zentralen Thesen wurde formuliert, welche Konsequenzen die lokale REM-Eigenschaft für die betroffenen Modelle hat. Diese Thesen wurden argumentativ untermauert und durch numerische Simulationen gestützt. Die Kernaussagen der Thesen lauten:

These 1 Das Spektrum der Energieniveaus in der Umgebung einer Referenzenergie mit positiver Zustandsdichte realisiert einen Poisson-Prozess.

These 2 Auf der Energieachse benachbarte Konfigurationen haben im Konfigurationsraum einen großen Abstand. Ihr Abstand weist die gleiche Statistik auf wie der Abstand zufällig gewählter Konfigurationen.

These 3 Aus den Modellen mit lokaler REM-Eigenschaft abgeleitete Optimierungsprobleme sind $\mathcal{NP}$-schwer, sobald man eine untere Schranke für das gesuchte Minimum vorgibt.

Ob ein Modell die lokale REM-Eigenschaft bei einer gewählten Referenzenergie zeigt, hängt maßgeblich von der Dichte der Zustände in der Nähe der Referenzenergie und von der numerischen Auflösung der Kopplungsterme ab. Im jedem Intervall $[E', E' + \Delta E']$ müssen exponentiell viele Zustände liegen. Was in den „Schwänzen" der Zustandsdichten nicht erfüllt ist und zum Verlust der lokalen REM-Eigenschaft auf diesen Energieskalen führt. Beschränkt man die numerische Auflösung der Kopplungsterme, so führt dies zu einer Entartung der Energieniveaus und zum Verlust der lokalen REM-Eigenschaft auf der ganzen Energieachse.

Das konzeptionell einfachste System mit lokaler REM-Eigenschaft ist das Modell von N nicht wechselwirkenden Ising-Spins in lokalen Zufallsfeldern. Es nimmt auch insofern eine Sonderstellung ein, als dass es als Spezialfall in allen anderen Modellen mit lokaler REM-Eigenschaft enthalten ist.

Die in dieser Arbeit formulierten Thesen stützen sich zu einem großen Teil auf numerische Ergebnisse. Rigorose mathematische Beweise werden nicht erbracht. Allerdings waren diese Thesen bereits Auslöser für eine Reihe weiterer wissenschaftlicher Arbeiten [14, 15, 16, 13, 10, 11], die zumindest Teilergebnisse rigoros beweisen konnten. Allerdings sind noch immer viele Fragen offen, die Raum für weitere Untersuchungen lassen. Zu solchen Fragen gehören u. a.:

- Kann die lokale REM-Eigenschaft für weitere Modelle bewiesen werden?

- Lassen sich notwendige oder hinreichende Bedingungen für das Vorhandensein der lokalen REM-Eigenschaft aufstellen?

- Gibt es Modelle, die den in Abschnitt 3.1 vorgestellten Charakteristika entsprechen, aber die lokale REM-Eigenschaft nicht aufweisen?

- Was passiert genau auf den Energieskalen, wo die lokale REM-Eigenschaft verloren geht?

Magdeburg im Januar 2006   Heiko Bauke

Anhang A

Notationen

Die folgende Liste umfasst einige in dieser Arbeit häufig verwendete Symbole und Notationen, die zum Teil keine weit verbreiteten Standardnotationen sind.

Symbol	Bedeutung
$\mathbb{N}$	Menge der natürlichen Zahlen $1, 2, 3, \ldots$
$\mathbb{Z}$	Menge der ganzen Zahlen $0, \pm 1, \pm 2, \pm 3, \ldots$
$\mathbb{R}$	Menge der reellen Zahlen
$\mathbb{R}_{0+}$	Menge der nicht negativen reellen Zahlen
$\mathbb{R}_{+}$	Menge der positiven reellen Zahlen
$\langle\!\langle \cdot \rangle\!\rangle$	Mittelung über eingefrorene Unordnung
$\binom{n}{k}$	Multinomialkoeffizient, $\binom{n}{k} = n!/(k!\,(n-k)!)$
$\binom{n}{k_1;k_2;\ldots;k_q}$	Multinomialkoeffizient, $\binom{n}{k_1;k_2;\ldots;k_i} = n!/(k_1!\,k_2!\,\ldots\,k_i!)$
$\{{}^n_k\}$	Stirlingzahl zweiter Art, Zahl der Partitionen einer n-elementigen Menge in k nicht leere Teilmengen
$H_c(x)$	Heaviside'sche Stufenfunktion, $H_c(x) = 0$ für $x < c$ und $H_c(x) = 1$ sonst
$\delta(x)$	Dirac'sche δ-Distribution
$\delta_{i,j}$	Kronecker δ, $\delta_{i,i} = 1$, $\delta_{i,j} = 0$ für alle $i \neq j$
$[\cdot]$	Wahrscheinlichkeit für das in den Klammern beschriebene Ereignis
$[x]$	Erwartungswert der Zufallsgröße x
$\mathrm{Var}\,[x]$	Varianz der Zufallsgröße x

A Notationen

Symbol	Bedeutung
$\mathcal{P}$	Klasse der polynomiell endscheidbaren Probleme
$\mathcal{NP}$	Klasse der nicht deterministisch polynomiell entscheidbaren Probleme
$P_1 \leq_p P_2$	Polynomielle Reduzierbarkeit von P_1 auf P_2

Literaturverzeichnis

[1] ADIB, Artur B.: NP-hardness of the cluster minimization problem revisited. In: *Journal of Physics A: Mathematical and General* 38 (2005), Nr. 40, S. 8487–8492

[2] ALAVA, M. J. ; DUXBURY, P. M. ; MOUKARZEL, C. ; RIEGER, H.: Exact Combinatorial Algorithms: Ground States of Disordered Systems. In: DOMB, C. (Hrsg.) ; LEBOWITZ, J. L. (Hrsg.): *Phase Transitions and Critical Phenomena* Bd. 18. Academic Press Limited, 2001, S. 143–317

[3] BAIN, Lee J. ; ENGELHARDT, Max: *Introduction to Probability and Mathematical Statistics*. Duxbury, 2000 (Duxbury Classic)

[4] BAUKE, Heiko: *Statistische Mechanik des Zahlenaufteilungsproblems*. 2002. – Diplomarbeit

[5] BAUKE, Heiko ; FRANZ, Silvio ; MERTENS, Stephan: Number partitioning as a random energy model. In: *Journal of Statistical Mechanics: Theory and Experiment* (2004), S. P04003

[6] BAUKE, Heiko ; MERTENS, Stephan: Universality in the level statistics of disordered systems. In: *Physical Review E* 70 (2004), S. 025102-1–025102-4

[7] BAUKE, Heiko ; MERTENS, Stephan ; ENGEL, Andreas: Phase Transition in Multiprocessor Scheduling. In: *Physical Review Letters* 90 (2003), Nr. 15, S. 158701-1–158701-4

[8] BINDER, K. ; YOUNG, A. P.: Spin glasses: Experimental facts, theoretical concepts, and open questions. In: *Reviews of Modern Physics* 58 (1986), Nr. 4, S. 801–976

[9] BLATTER, G. ; FEIGEL'MAN, M. V. ; GESHKENBEIN, V. B. ; LARKIN, A. I. ; VINOKUR, V. M.: Vortices in high-temperature superconductors. In: *Reviews of Modern Physics* 66 (1994), Nr. 4, S. 1125–1388

[10] BORGS, Christian ; CHAYES, Jennifer ; MERTENS, Stephan ; NAIR, Chandra: *Proof of the local REM conjecture for number partitioning I: Constant energy scales*. http://www.arxiv.org/abs/cond-mat/0501760, 2005. – cond-mat/0501760

[11] BORGS, Christian ; CHAYES, Jennifer ; MERTENS, Stephan ; NAIR, Chandra: *Proof of the local REM conjecture for number partitioning II: growing energy scales.* http://www.arxiv.org/abs/cond-mat/0508600, 2005. – cond-mat/0508600

[12] BORGS, Christian ; CHAYES, Jennifer ; PITTEL, Boris: Phase transition and finite-size scaling for the integer partitioning problem. In: *Random Structures and Algorithms* 19 (2001), Nr. 3–4, S. 247–288

[13] BOVIER, Anton ; KURKOVA, Irina: *Poisson convergence in the restricted k-partioning problem.* http://www.arxiv.org/abs/cond-mat/0409532, 2004. – cond-mat/0409532

[14] BOVIER, Anton ; KURKOVA, Irina: *Energy statistics in disordered systems: The local REM conjecture and beyond.* http://www.arxiv.org/abs/cond-mat/0506521, 2005. – cond-mat/0506521

[15] BOVIER, Anton ; KURKOVA, Irina: *Local energy statistics in disordered systems: a proof of the local REM conjecture.* http://www.arxiv.org/abs/cond-mat/0504366, 2005. – cond-mat/0504366

[16] BOVIER, Anton ; KURKOVA, Irina: *A tomography of the GREM: beyond the REM conjecture.* http://www.arxiv.org/abs/cond-mat/0504363, 2005. – cond-mat/0504363

[17] BRASSARD, Gilles ; BRATLEY, Paul: *Algorithmik – Theorie und Praxis.* 1. Aufl. Attenkirchen : Wolfram, 1993

[18] CHOWDHURY, Debashisch: *Spinglasses and other frustrated Systems.* World Scientific, 1986

[19] DAVID, Herbert A.: *Order Statistics.* John Wiley & Sons, Inc., 1981

[20] DERRIDA, B.: Random-Energy Model: Limit of a Family of Disordered Models. In: *Physical Review Letters* 45 (1980), Nr. 2, S. 79–82

[21] DERRIDA, Bernard: Random-energy model: An exactly solvable model of disordered systems. In: *Physical Review B* 24 (1981), S. 2613–2626

[22] EDWARDS, S. F. ; ANDERSON, P. W.: Theory of Spin Glasses. In: *Journal of Physics F* 5 (1975), Nr. 5, S. 965–974

[23] EHRGOTT, Matthias: *Multicriteria optimization.* Berlin : Springer, 2000 (Lecture notes in economics and mathematical systems 491)

[24] FU, F. Y.: The Potts model. In: *Reviews of Modern Physics* 54 (1982), Nr. 1, S. 235–268

[25] GAREY, Michael R. ; JOHNSON, David S.: *Computers and Intractability A guide to the Theory of NP-Completeness*. W. H. Freeman and Company, 1979

[26] GRAHAM, Ronald L. ; KNUTH, Donald E. ; PATASHNIK, Oren: *Concrete mathematics: a foundation for computer science*. Addison-Wesley, 1994

[27] GRITZMANN, Peter ; BRANDENBERG, Réne: *Das Geheimnis des kürzesten Weges Ein Mathematisches Abenteuer*. Berlin, Heidelberg : Springer, 2002

[28] GROSS, D. ; MÉZARD, M.: The simplest spin glass. In: *Nuclear Physics B* 240 (1984), Nr. 4, S. 431–452

[29] HALPIN-HEALY, Timothy ; ZHANG, Yi-Cheng: Kinetic roughening phenomena, stochastic growth, directed polymers and all that. Aspects of multidisciplinary statistical mechanics. In: *Physics Reports* 254 (1995), Nr. 4–6, S. 215–414

[30] HARTMANN, Alexander K. ; RIEGER, Heiko: *Optimization Algorithms in Physics*. 1st edition. Berlin : Wiley-VCH, 2002

[31] HARTMANN, Alexander K. ; WEIGT, Martin: *Phase Transitions in Combinatorial Optimization Problems*. 1st edition. Berlin : Wiley-VCH, 2005

[32] HELLMAN, Martin M.: Die Mathematik von Public-Key-Verfahren. In: *Spektrum der Wissenschaft, Dossier Kyptographie* (2001), S. 32–41

[33] HOROWITZ, Ellis ; SAHNI, Sartaj: Computing Partitions with Applications to the Knapsack Problem. In: *Journal of the ACM* 21 (1974), Nr. 2, S. 277–292

[34] HUSE, David A. ; HENLEY, Christopher L.: Pinning and Roughening of Domain Walls in Ising Systems Due to Random Impurities. In: *Physical Review Letters* 54 (1985), Nr. 25–24, S. 2708–2711

[35] JUNGNICKEL, Dieter: *Algorithms and Computation in Mathematics*. Bd. 5: *Graphs, Networks and Algorithms*. Springer, 2005

[36] KAWAZOE, Y. (Hrsg.) ; KONDOW, T. (Hrsg.) ; OHNO, K. (Hrsg.): *Clusters and Nanomaterials Theory and Experiment*. Springer, 2002 (Springer Series in Cluster Physics)

[37] KORF, Richard E.: A complete anytime algorithm for number partitioning. In: *Artificial Intelligence* 102 (1998), Nr. 2, S. 181–203

[38] KOTZ, Samuel ; NADARAJAH, Saralees: *Extreme Value Distributions: Theory and Applications.* Imperial College Press, 2001

[39] LAKEMEYER, Gerhard (Hrsg.) ; NEBEL, Bernhard (Hrsg.): *Exploring Artificial Intelligence in the New Millennium.* Morgan Kaufmann, 2002

[40] LAWLER, Eugene S.: *Combinatorial Optimization: Networks and Matroids.* Dover Publications, Inc., 1976

[41] MERKLE, R. C. ; HELLMAN, M. E.: Hiding Informations and Signatures in Trapdoor Knapsacks. In: *IEEE Transactions on Information Theory* 24 (1978), S. 525–530

[42] MERTENS, Stephan: Random Costs in Combinatorial Optimization. In: *Physical Review Letters* 84 (2000), Nr. 6, S. 1347–1350

[43] MERTENS, Stephan: A physicist's approach to number partitioning. In: *Theoretical Computer Science* 265 (2001), S. 79–108

[44] MERTENS, Stephan: Computational Complexity for Physicists. In: *Computing in Science and Engineering* 3 (2002), Nr. 4, S. 31–47

[45] MÉZARD, Marc (Hrsg.) ; PARISI, Giorgio (Hrsg.) ; VIRASORO, Miguel A. (Hrsg.): *World Scientific Lecture Notes in Physics. Bd. 9: Spin Glass Theory and beyond, An Introduction to the Replica Method and Its Applications.* World Scientific, 1987

[46] NISHIMORI, Hidetoshi: *Statistical Physics of Spin Glasses and Information Processing An Introduction.* Clarendon Press, 2001

[47] ODLYZKO, A. M.: The Rise and Fall of Knapsack Cryptosystems / AT&T Bell Laboratories. – Forschungsbericht. – http://www.research.att.com/~amo/doc/arch/knapsack.survey.pdf

[48] SASAMOTO, Tomohiro ; TOYOIZUMI, Taro ; NISHIMORI, Hidetoshi: Statistical mechanics of an NP-complete problem: subset sum. In: *Journal of Physics A: Mathematical and General* 34 (2001), S. 9555–9567

[49] SHERRINGTON, David: *Spin Glasses: a Perspective.* http://www.arxiv.org/abs/cond-mat/0512425, 2005. – cond-mat/0512425

[50] SHERRINGTON, David ; KIRKPATRICK, Scott: Solvable Model of a Spin-Glass. In: *Physical Review Letters* 35 (1975), Nr. 26, S. 1792–1796

[51] SIPSER, Michael: *Introduction to the Theory of Computation.* Thomson Learning, 2005

Literaturverzeichnis

[52] SPERSCHNEIDER, Volker ; HAMMER, Barbara: *Theoretische Informatik*. Berlin Heidelberg : Springer, 1996

[53] STADLER, Peter F. ; HORDIJK, Wim ; FONTANARI, Jos F.: Phase transition and landscape statistics of the number partitioning problem. In: *Physical Review E* 67 (2003), S. 056701-1–056701-6

[54] STRASSEN, V.: The work of Leslie G. Valiant. In: *Proceedings of the International Congress of Mathematics*. Berkeley, California, USA, 1986

[55] SUGANO, Saturo ; KOIZUMI, Hiroyasu: *Springer Series in Materials Science*. Bd. 20: *Microcluster Physics*. Springer, 1998

[56] WEGENER, Ingo: *Kompendium Theoretische Informatik – eine Ideensammlung*. Stuttgart : B. G. Teubner, 1996

[57] WILLE, L. T. ; VENNIK, J.: Computational complexity of the ground-state determination of atomic clusters. In: *Journal of Physics A: Mathematical and General* 18 (1985), Nr. 8, S. L419–L422

www.ingramcontent.com/pod-product-compliance
Lightning Source LLC
Chambersburg PA
CBHW082342220526
45470CB00008B/2605